KB097836

CHOCOLAT

Design and Typesetting : Alice Leroy
Editorial Collaboration : Estérelle Payany
Project Coordinator, FERRANDI Paris : Audrey Janet
Pastry Chefs, FERRANDI Paris : Stévy Antoine et Carlos Cerqueira
Editor : Clélia Ozier-Lafontaine assisted by Claire Forcinal
Originally published in French as
Chololat: Recettes et techniques d'une école d'excellence
© Flammarion, S.A., Paris, 2019

페랑디 초콜릿
1판 1쇄 발행일 2021년 5월 31일
페랑디 학교 펴냄
사　진 : 리나 누라
번　역 : 강현정
발행인 : 김문영
펴낸곳 : 시트롱 마카롱
등　록 : 제2014-000153호
주　소 : 경기도 파주시 책향기로 320, 2-206
페이지 : www.facebook.com/citronmacaron @citronmacaron
이메일 : macaron2000@daum.net
ISBN : 979-11-969845-4-0 03590

FERRANDI
PARIS

페랑디 초콜릿

세계 최고 요리학교의 레시피와 테크닉

번역 강현정 | 사진 리나 누라(Rina Nura)

CITRON MACARON

책을 펴내며

파리 페랑디 학교가 미식문화의 전 분야에 관한 과정을 교육하게 된 지 100년이 되었습니다. 정확한 내용과 높은 완성도는 물론이고 특히 미각을 자극하는 훌륭한 레시피들로 큰 성공을 거둔 **페랑디 요리수업**, **페랑디 파티스리**에 이어 이제 특별한 전문 기술과 노하우를 요하는 또 다른 주제를 다루어야 할 시간이 다가왔습니다.

초콜릿보다 더 매력적인 것이 과연 또 있을까요? 초콜릿은 새로운 디저트 창작의 즐거움을 추구하는 파티시에들뿐 아니라 언제나 많은 미식가를 꿈꾸게 해왔던 유일한 재료라 할 수 있습니다. 다크 초콜릿, 화이트 초콜릿, 밀크 초콜릿, 프랄리네, 태블릿 초콜릿, 가나슈, 다양한 재료를 채워 넣은 초콜릿 봉봉, 각종 크림, 마카롱, 파운드케이크, 앙트르메 등 초콜릿은 그 활용 범위가 무한하며 전 세계 미식업계에서 중요한 영감의 원천으로 자리하고 있습니다.

에콜 페랑디 교육 철학의 중심에는 전통적인 노하우를 전수하는 동시에 창의적인 혁신을 장려한다는 기본 목표가 있습니다. 우리 학교의 독보적인 강점이라 할 수 있는 관련업계와의 긴밀한 연계 덕택에 전통 교육에만 머무르지 않고 늘 시대와 함께 발전해나가는 실용적인 접근이 가능하게 되었고, 이로 인해 페랑디는 전 세계에서 모범적인 기준으로 손꼽히는 요리학교로 우뚝 서게 되었습니다. 같은 맥락으로 이 책 또한 단순히 레시피들로만 가득한 것이 아니라 초콜릿이라는 매력적인 주제를 좀 더 깊이 탐색하고 활용하고자 하는 전문가들과, 가정에서 이를 즐기기 원하는 일반 애호가들에게 유용하게 다가갈 수 있는 많은 기본 테크닉과 정확한 조언 등을 알차게 싣고 있습니다.

이 책이 나오기까지 열정을 갖고 도움을 주신 페랑디 학교 담당자 여러분, 특히 책 출간 과정을 꼼꼼하게 진행해준 코디네이터 오드리 자네(Audrey Janet), 초콜릿에 대한 열정과 자신들의 노하우를 모두 함께 나눌 수 있도록 전수해준 셰프 파티시에 스테비 앙투안(Stévy Antoine)과 카를로스 세르케이라(Carlos Cerqueira)에게 깊은 감사를 전합니다.

브뤼노 드 몽트(Bruno de Monte)
에콜 페랑디 파리 교장

목차

개요

FERRANDI Paris

페랑디 학교 소개

미식의 중심지가 된 요리학교

학교인가, 레스토랑인가? 아니면 교육 센터인가, 연구소인가? 페랑디 파리는 이 역할을 모두 담당하고 있다. 파리의 유서 깊은 지역인 생 제르맹 데 프레(Saint-Germain-des-Prés) 근처에 위치하고 있는 총면적 25,000제곱미터의 페랑디 파리 캠퍼스는 명실상부한 미식문화 및 레스토랑 경영 교육의 중심지다. 개교 백주년을 맞이한 페랑디 파리는 프랑스뿐 아니라 전 세계적으로도 미식문화의 발전과 교류의 장으로 자리를 굳혀왔으며 실제 업계 현장과의 연계를 바탕으로 한 혁신적인 교육을 지향하며 수 세대에 걸쳐 요리사, 파티시에, 레스토랑 종사자 및 호텔 경영 전문가들을 배출해냈다. 페랑디 파리는 경영대학원 HEC Paris, ESCP Europe, ESSEC 비즈니스 스쿨, GOBELIN 비주얼 아트 스쿨 등과 마찬가지로 파리 일 드 프랑스(Paris-Île-de-France) 상공회의소에 소속된 교육 기관 중 하나이며, 고등학교 과정인 직업 적성 자격증 CAP부터 전공 석사 과정인 Master Spécialisé(bac +6)까지 미식과 레스토랑, 호텔 경영의 총괄적인 교과 과정을 갖춘 프랑스의 유일한 요리학교다. 뿐만 아니라 해외 학생들을 위한 국제부 프로그램도 운영하고 있으며 각종 언론 매체로부터 '미식 교육계의 하버드'라는 평가를 받고 있다. 특히 현장에서 익히는 실습에 기반을 둔 교육 방식은 매우 효과적이고 그 결과는 이 분야의 자격증 취득률로는 프랑스 최고 수준인 98%라는 놀라운 합격률로 증명되고 있다.

전문 업계와의 긴밀한 연계

페랑디 파리에서는 매년 2,200명의 수련생과 학생들, 전 세계 30개국에서 온 300여 명의 국제부 프로그램 참가자들, 직업 심화과정에 참여하거나 직종을 전환한 일반인 2,000여 명이 교육을 받고 있다. 100여 명에 달하는 페랑디 파리의 교수진은 이미 프랑스 내 또는 해외의 유수 기업이나 업장에서 10년 이상의 경력을 쌓은 최고 수준의 전문가 그룹이다. 이들 중 몇몇은 프랑스 국가 명장(MOF) 타이틀 소지자이며 다수의 상을 받은 경력이 있다. 또한 경영학 그랑제콜(ESCP Europe), 농업계열 그랑제콜(Agroparitech), 프랑스 패션 인스티튜트(Institut Français de la Mode)뿐 아니라 국외에서는 홍콩이공대학(The Hong Kong Polytechnic University), 캐나다의 퀘벡 호텔관광전문학교(ITHQ Canada), 중국 관광전문학원(Institut of Tourism Studies Chine), 존슨 & 웨일즈 대학(Johnson and Wales University) 등의 유수 기관들과도 결연을 맺어 더욱 폭넓은 교육을 실현해 나가고 있다. 이론과 실습은 따로 떼어놓고 논할 수 없다는 페랑디 파리의 교육 철학에 따라 재학생들은 업계 전문 협회나 단체에서 주최하는 공식 행사와 이벤트, 경연대회 등에 적극 참여하여 자신들이 닦은 실력을 발휘하고 있다. 페랑디 파리는 업계 현장과 긴밀하게 연계되어 있을 뿐 아니라 프랑스 요리 명인 협회(Maîtres Cuisiniers de France), 프랑스 국가 명장 협회(Sociéte des Meilleurs Ouvriers de France), 유로 토크(Euro-Toques) 등 미식계의 주요 전문가 협회 및 기관들과도 지속적인 파트너십을 이어가고 있다.

파티스리에서 초콜릿까지

숙련된 실습, 실제 업계 현장과의 밀접한 연계를 바탕으로 한 페랑디 파리의 전문성은 앞서 발간된 두 권의 책 **페랑디 요리 수업**과 **페랑디 파티스리**를 통해 이미 널리 전수된 바 있다. 여러 나라의 언어로 번역되었으며 높은 판매부수를 달성한 이 책들은 해당 분야 전문가들뿐 아니라 일반 대중에게도 큰 호응을 얻었다. 이 책들이 거둔 성과를 토대로 이번에는 보다 특별한 전문 지식과 테크닉을 필요로 하는 '초콜릿'이라는 주제로 책을 출간하게 되었다.

모두를 위한 초콜릿

달콤한 맛의 음식 중에서도 특히 초콜릿은 가장 매혹적인 대상으로 독보적인 자리를 차지하고 있다. 고급스럽고 만들기 까다로운 각종 디저트의 원재료인 초콜릿은 클래식 봉봉뿐 아니라 창의력이 돋보이는 새로운 결과물까지 그 한계를 넓히며 파티시에들의 상상력을 자극한다. 특히 작업할 때 전문적인 테크닉과 노하우를 필요로 하는 초콜릿은 전 세계 많은 이에게 사랑받고 있으며 다양한 변신을 통해 독창적인 결과물로 탄생할 잠재력을 갖고 있다. 이 책에서는 전문 업장은 물론이고 일반 가정에서도 다크 초콜릿, 밀크 초콜릿, 또는 화이트 초콜릿 등을 다양한 방법으로 활용할 수 있는 방법을 알기 쉽게 제시하고 있다. 그 누구도 초콜릿 케이크를 마다할 사람은 없을 것이다. 페랑디 파리는 이에 부응하여 가장 맛있는 주제를 가장 정확하게 다루고 있다.

FERRANDI
PARIS
FERRANDI
PARIS

재료
MATÉRIEL

조리도구

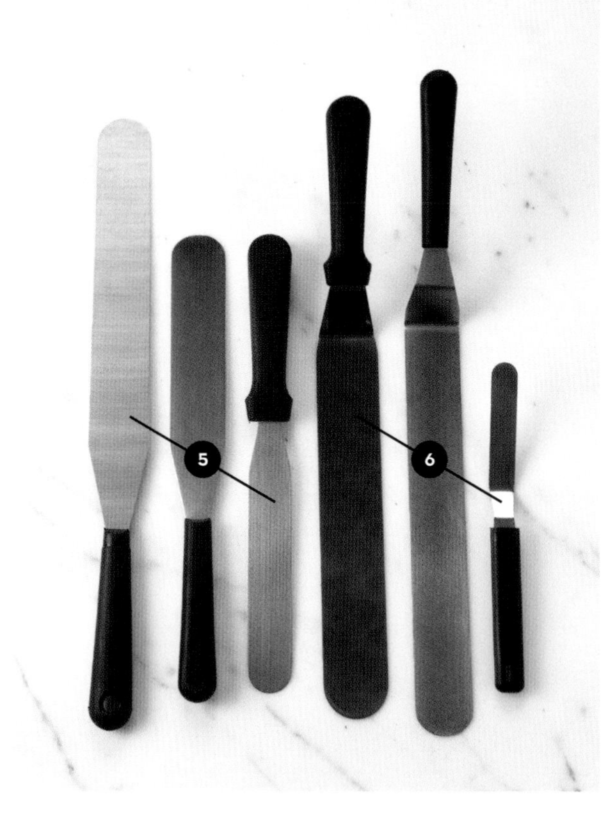

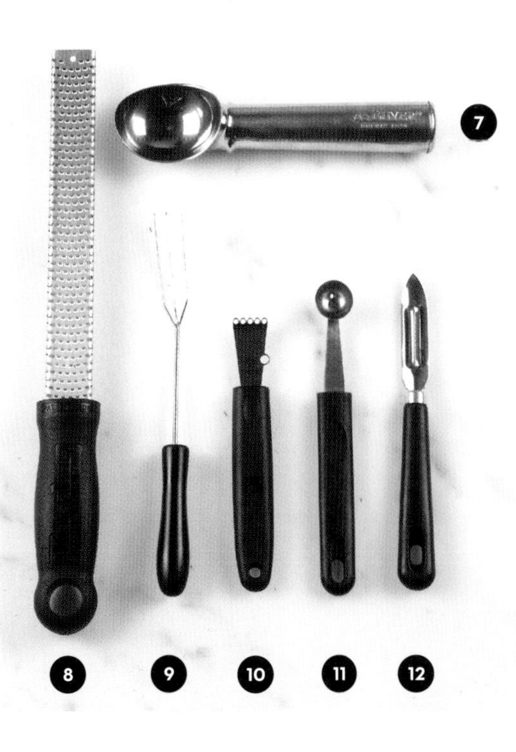

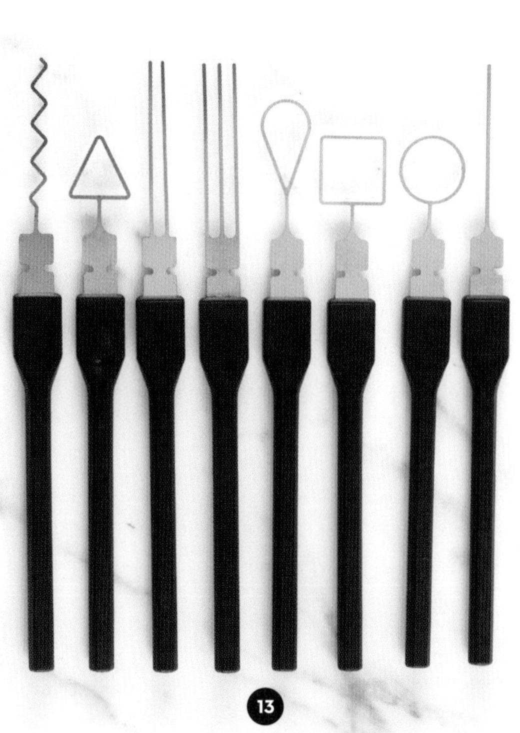

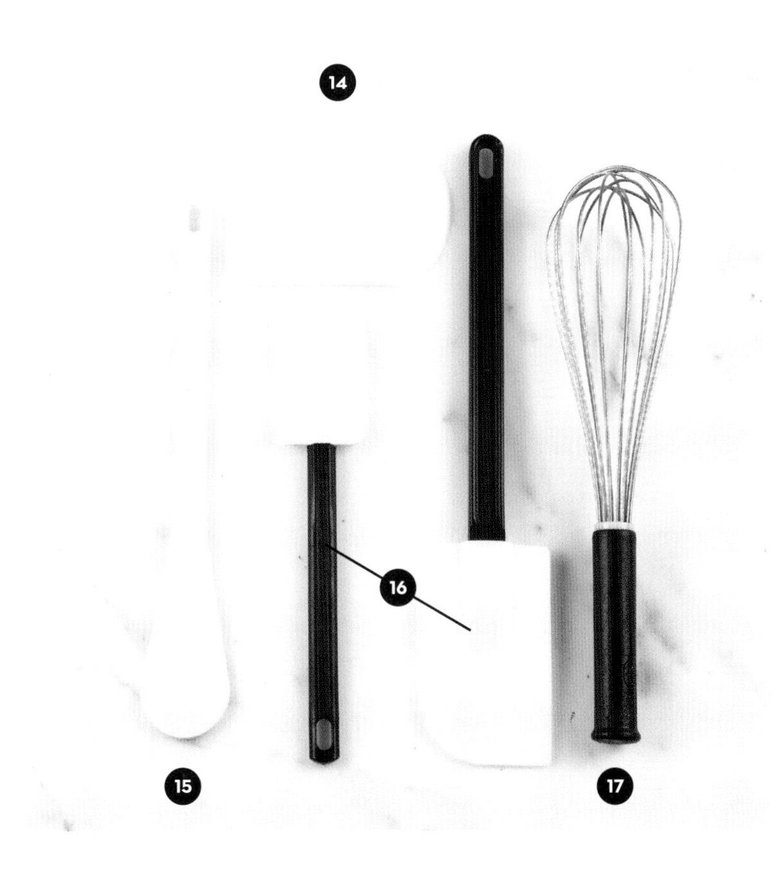

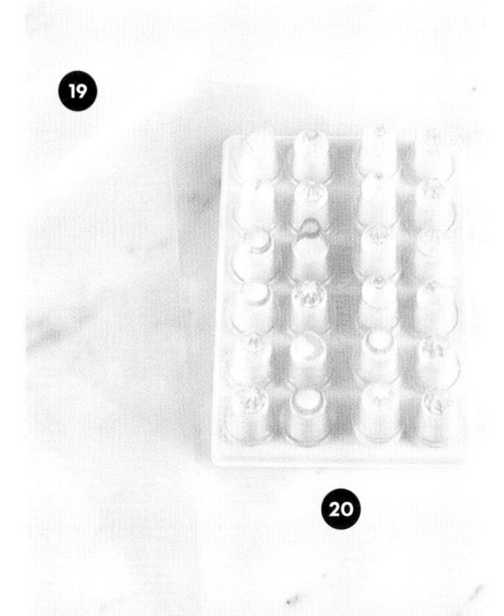

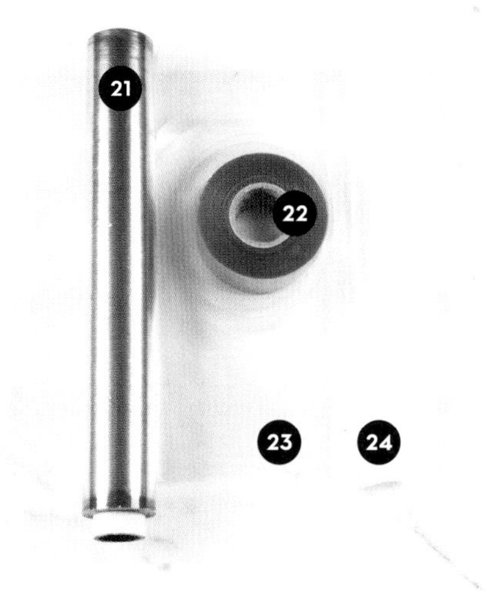

1. 셰프 나이프
Couteau de tour

2. 브레드 나이프 Couteau-scie

3. 생선 필레 나이프 Filet de sole

4. 페어링 나이프 Couteau d'office

5. 스패출러 Palettes

6. L자 스패출러 Palettes coudées

7. 아이스크림 스쿠프 Cuillère à glace

8. 마이크로플레인 그레이터
Râpe Microplane®

9. 초콜릿 디핑포크
Fourchette à chocolat à tremper

10. 제스터 Zesteur-canneleur

11. 멜론 볼러
Cuillère parisienne ou à boule

12. 필러 Éplucheur économe

13. 각종 디핑포크
Fourchettes à tremper
(zig zag, triangle, deux dents, trois dents, goutte, carré, rond, une dent)

14. 스크레이퍼 Corne

15. 내열주걱 Spatules Exoglass®

16. 알뜰주걱 Maryses

17. 거품기 Fouet allongé

18. 스텐 기타줄 커터 Guitare Inox

19. 1회용 비닐 짤주머니
Poche à douille jetable en polyéthylène

20. 플라스틱 깍지
Douilles en polycarbonate

21. 주방용 랩
Film étirable ou film alimentaire

22. 투명 띠지 Bande de Rhodoïd

23. 초콜릿용 비닐 시트, 전사지
Feuille guitare

24. 유산지 Papier sulfurisé

조리도구(계속)

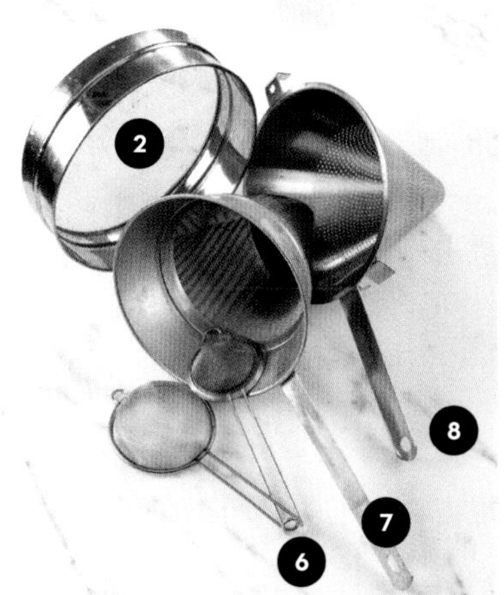

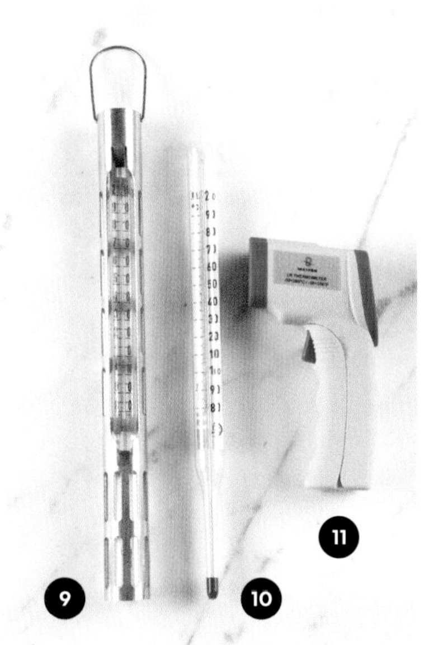

1. 베이킹용 밀대 Rouleau à pâtisserie
2. 체 Tamis
3. 펀칭 롤러 Rouleau « pic-vite »
4. 반죽 커터 Coupe-pâte
5. 페이스트리 핀처 Pince à tarte
6. 작은 체망 Passettes
7. 고운 망 원뿔체
   Passoire-étamine dit chinois-étamine
8. 원뿔체 Étamine dit chinois
9. 시럽용 온도계(80~220°C)
   Thermomètre à sucre
10. 커스터드용 온도계(-10~120°C)
    Thermomètre à crème anglaise
11. 적외선 온도계 (-50~280°C)
    Thermomètre infrarouge
    à visée laser
12. 스텐 믹싱볼
    Bassines à fond plat en acier
    inoxydable

가전도구

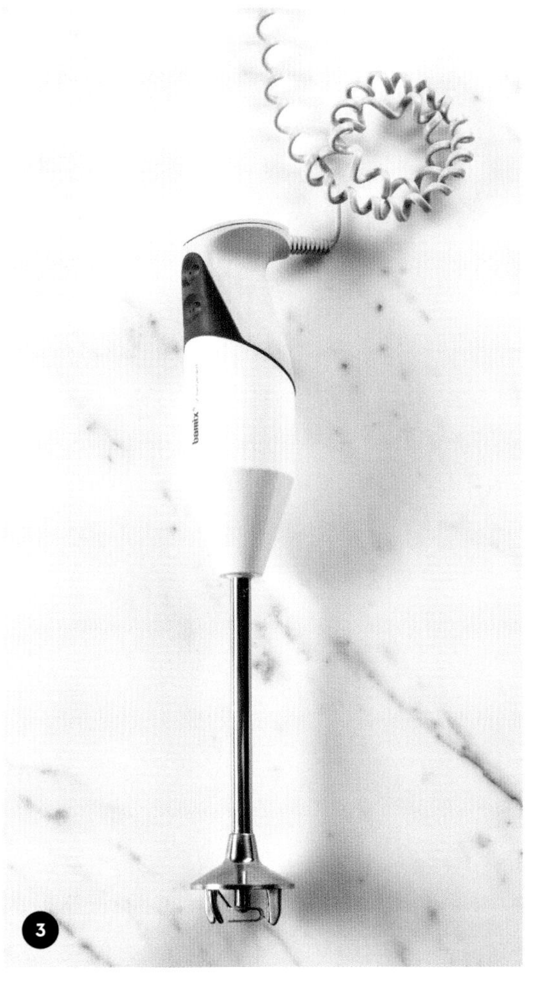

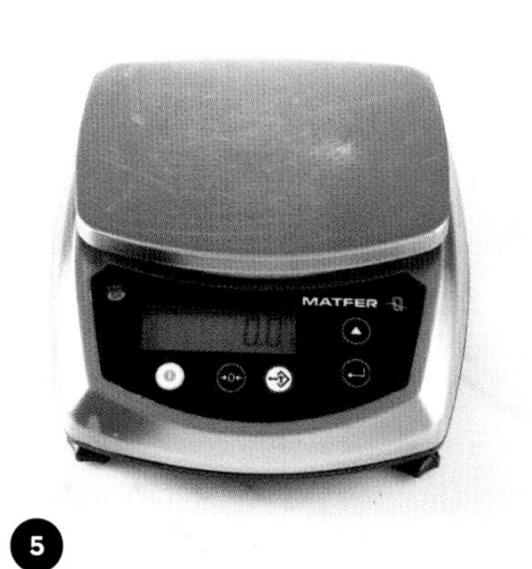

1. 전동 스탠드 믹서
   Robot pâtissier
   (A) 도우훅 crochet
   (B) 거품기 fouet
   (C) 플랫비터 feuille
2. 푸드프로세서
   (S자형 블레이더 장착)
   Robot-coupe avec lame
   en « S »
3. 핸드블렌더
   Mixeur plongeant
4. 초콜릿 템퍼링용 멜터
   Trempeuse d'appoint
   pour fonte et maintien
   de température
   du chocolat
5. 주방용 전자 저울
   Balance électronique

각종 틀과 액세서리

1. 스텐 파운드 케이크 틀
   Moule à cake en acier inoxydable
2. 브리오슈 틀 Moules à brioche
3. 카늘레 틀(구리)
   Moules à canelés en cuivre
4. 논스틱 코팅 원형 케이크 틀 Moules à manqué à revêtement antiadhésif
5. 논스틱 코팅 타르트 틀 Moule à tarte à revêtement antiadhésif
6. 논스틱 코팅 샤를로트 틀 Moule à charlotte à revêtement antiadhésif
7. 스텐 마들렌 틀 Plaque à madeleine à acier inoxydable
8. 다양한 형태의 실리콘 틀 Moules souples en silicones (différentes formes)
9. 다양한 모양의 초콜릿 틀 Moules pour friture, coque et tablette en chocolat
10. 케이크용 원형 무스링
    Cercle à entremets
11. 타르트용 원형 무스링 Cercle à tarte
12. 케이크용 사각 무스링
    Carré à entremets
13. 케이크용 대형 사각 프레임
    Cadre à entremets
14. 실리콘 패드 Tapis silicone
15. 스텐 사각 식힘망 Grille rectangulaire à pied en acier inoxydable
16. 스텐 원형 식힘망 Grille ronde à pied en acier inoxydable
17. 스텐 오븐팬
    Plaque en acier inoxydable
18. 스텐 타공팬
    Plaque perforée en acier inoxydable
19. 당과류용 사각 스텐망 Plaque à confiserie en acier inoxydable

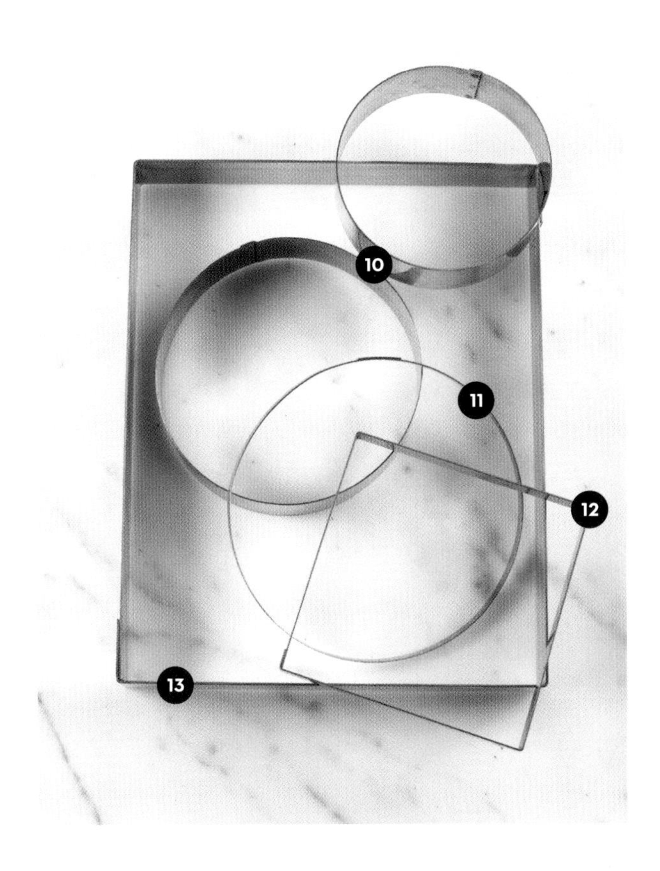
10
11
12
13

EXOPAT MATFER
J 41
EXOPAT MATFER
14

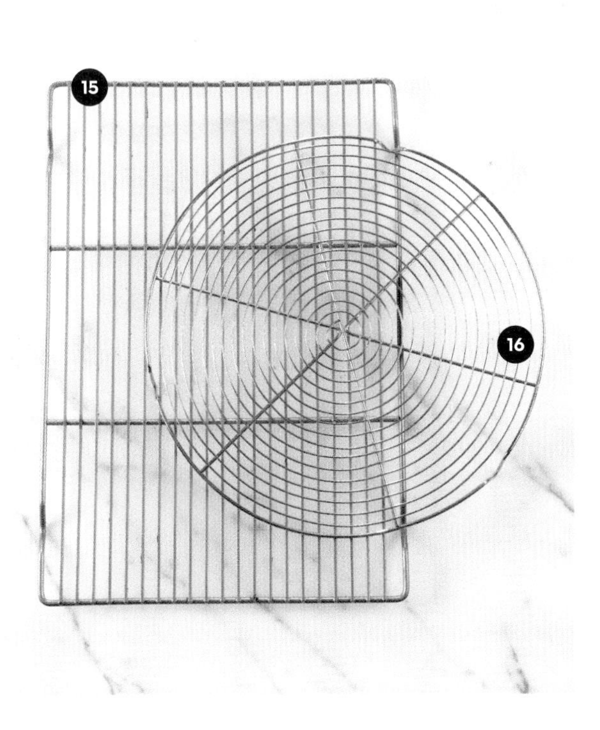
15
16

17
18
19

초콜릿의 기초

아티스트이자 열렬한 초콜릿 애호가인 존 Q. 털리어스(John Q. Tullius)가 "열 사람 중 아홉은 초콜릿을 좋아하고 열 번째 사람은 거짓말을 한다!"고 말했듯이 초콜릿만큼 우리의 미각을 유혹하고 창의력에 영감을 주는 재료도 없다. 케이크, 크림, 태블릿, 봉봉 등의 형태로 즐길 수 있는 초콜릿은 다양한 풍미와 식감으로 우리의 입맛을 사로잡는다. 특별한 과정과 기술을 통해 탄생하는 테루아의 산물인 초콜릿, 카카오나무에서부터 템퍼링에 이르기까지 꼭 알아두어야 할 기본 지식을 소개한다.

신들의 음료

카카오나무의 학명인 테오브로마 카카오(*Theobroma cacao L.* 그리스어로 '신들의 음료'라는 뜻)는 고대 멕시코에서 그 기원을 찾을 수 있다. 마야와 아즈텍인들에게 카카오는 신성한 것으로 여겨졌다. 약 3,000년 전부터 재배하기 시작한 카카오는 실제로 경제와 종교적 역할을 구축하며 메소아메리카 문명에서 독보적인 위치를 차지하게 되었다. 고위층과 전사들의 축하연이나 공식행사에서 음료로만 소비되었던 아즈텍 초콜라틀(xocolatl)의 맛은 오늘날의 초콜릿과는 전혀 다른 것이었다. 당시의 초콜릿은 쓴맛의 음료였으며 옥수수가루, 후추, 꽃, 고추, 바닐라 또는 꿀 등을 넣어 향을 더했다. 1519년 아즈텍 제국의 몬테주마 황제가 이 음료를 황금 잔에 담아 스페인의 정복자 코르테즈에게 대접했을 때 첫 반응은 그다지 좋지 않았던 것으로 전해진다. 그럼에도 불구하고 1528년 코르테즈는 카카오 빈을 가지고 스페인으로 돌아가 국왕 카를 5세에게 진상했다. 스페인 왕실은 이 뜨거운 초콜릿 음료에 의학적 효능도 있다고 믿으며 열광하기 시작했고 이는 차츰 전 유럽으로 번져나갔다. 프랑스에 처음 초콜릿을 들여온 사람은 1615년 루이 13세와 결혼한 스페인 공주 안 도트리슈(Anne d'Autriche)이며 이후 빠른 속도로 전 왕실에 퍼져나가 인기를 얻게 되었다.

19세기가 시작될 때까지 귀족과 고위층의 전유물이었던 초콜릿은 오로지 음료의 형태로만 소비되었다. 하지만 1828년 네덜란드의 화학자 반 호텐(Coenraad Johannes Van Houten)이 최초로 초콜릿에서 카카오버터를 추출하는 방법을 개발하고 미세한 분말 형태의 코코아를 제조함으로써 상황은 완전히 달라졌다. 비로소 초콜릿 제조업체들이 무지방 카카오와 카카오버터의 양을 원하는 비율로 배합해 제품을 만드는 것이 가능해진 것이다. 1879년에는 로돌프 린트(Rodolphe Lindt)가 콘칭 기술을 개발한 덕에 부드럽게 녹는 식감의 태블릿 초콜릿이 만들어졌다. 또한 1875년 밀크 초콜릿이 처음 선보이면서 초콜릿은 전 세계적으로 사랑받는 제품으로 등극했고 20세기에는 그 소비가 널리 보편화되었다.

다양한 카카오나무 종류

아마존 지역이 원산지인 카카오나무는 고온다습한 열대 우림기후 지역에서만 서식하며 현재는 주로 서아프리카, 중앙아메리카와 라틴아메리카 그리고 아시아 지역이 주 생산지이다. 코트디부아르는 전 세계 생산량의 30%, 브라질과 인도네시아가 각 10% 이상을 차지한다. 각기 다른 포도 종류에 따라 다양한 와인이 만들어지는 것처럼 카카오도 생산지와 품종은 물론이고 이를 가공하는 작업과정(발효, 건조, 로스팅)에 따라 각기 다른 풍미가 탄생한다. 따라서 초콜릿은 깜짝 놀랄 만큼 무한한 향, 맛의 다양성과 잠재력을 지닌 식품이라 해도 과언이 아닐 것이다.

카카오 열매가 초콜릿이 되기까지

키가 4~10m 정도 되는 카카오나무는 연중 내내 꽃이 피기 때문에 카보스(cabosse)라고 불리는 열매가 계절에 관계없이 열린다. 노란색, 붉은색, 주황색 또는 푸르스름한 색을 띤 카보스는 길이가 15~30cm 정도 되는 타원형으로 그 안에는 약 30~40개의 카카오 빈이 들어 있다.

열매에서 원두로

카카오 열매 카보스가 익으면 따서 껍질을 쪼갠다. 그 안에서 끈적거리는 흰색 과육(mucilage)에 싸여 있는 카카오 빈을 꺼낸 뒤 구멍이 뚫린 나무 상자에 넣어 발효를 시작하게 되면 과육이 흐물흐물 녹아 떨어지면서 향이 발산되며 카카오 빈의 색은 짙어진다. 이어서 카카오 빈은 건조 단계로 들어가면서 발효를 멈춘다. 이 과정을 거치면 이른바 '매매 가능한 카카오' 상태가 되며 포대에 담겨 재배지를 떠나 초콜릿 가공 공장으로 옮겨진다.

원두에서 카카오로

아직은 원재료 상태인 카카오 원두를 분류기의 체를 이용해 불순물을 걸러낸다. 열적외선을 쏘여 원두를 멸균하고 외피 제거가 용이하도록 전처리 작업을 하기도 한다. 이어서 100~150°C의 회전형 로스팅 오븐에 넣어 카카오 빈을 볶는다. 바로 이 과정에서 초콜릿의 맛과 향이 결정된다. 로스팅을 마친 원두는 딱딱한 겉껍질을 제거한 후 분쇄과정으로 넘어간다. 외피를 제거한 이 카카오 원두 부분(카카오닙스)을 분쇄하면 걸쭉한 농도의 카카오 페이스트가 된다. 이것을 압착기에 돌리면 무지방 카카오가루와 카카오버터로 분리된다. 카카오버터는 여과와 탈취 과정을 거친 뒤 블록 형태의 덩어리 또는 납작한 단추 모양으로 만들어져 판매된다.

카카오에서 초콜릿으로

이제 카카오 페이스트에 설탕, 추가분의 카카오버터를 혼합해 만드는 초콜릿 제조과정이 시작된다. 밀크 초콜릿을 만들려면 혼합물에 우유 분말을 첨가한다. 화이트 초콜릿에는 카카오 페이스트가 들어가지 않는다. 분쇄, 정련을 거친 초콜릿은 이어서 통에 넣고 일정 고온에서 오랜 시간 계속 저어 섞어주는 콘칭(conching) 과정에 들어간다. 이 단계는 초콜릿의 향을 극대화하며 부드럽고 매끈한 질감을 만들어 최종 결과물의 품질을 높이기 위한 가장 중요한 작업이다. 경우에 따라 유화제(콩 또는 해바라기 씨 레시틴), 향(주로 바닐라)을 첨가하기도 한다. 콘칭 과정이 끝나면 최종적으로 템퍼링을 거친 후 몰드에 부어 태블릿 형, 원형, 사각형, 덩어리 타입 등 원하는 모양을 만든다.

카카오나무 품종

포라스테로 Forastero

전 세계 카카오 생산량의 80%를 차지하며 주로 아프리카, 브라질, 에콰도르, 프랑스령 기아나에서 재배된다. 포라스테로 품종은 성장이 빠르고 병충해에 강하지만 타닌 함량이 높아 쓴맛과 떫은맛이 난다.

크리오요 Criollo

전 세계 카카오 생산량의 5%를 차지하며 주로 중앙아메리카와 아시아 지역에서 재배된다. 수확량이 적은 이 품종은 타닌 함량이 낮으며 붉은 베리류 과일과 견과류의 섬세한 향을 가진 카카오를 생산한다. 가장 고급으로 치는 품종으로 가격 또한 가장 비싸다.

트리니타리오 Trinitario

전 세계 카카오 생산량의 15%를 차지하는 이 품종은 크리오요와 포라스테로의 교배종이다. 병충해에 강하지만 포라스테로보다 생산량이 적으며 특히 향이 매우 좋다.

초콜릿의 다양한 형태

카카오 함량(%)은 카카오 페이스트와 카카오버터의 총량을 지칭하며 이는 해당 초콜릿의 순도를 가늠하는 표지가 된다.
미세한 알코올 함량 차이로 와인의 맛을 예단할 수 없는 것과 마찬가지로 이 카카오 함량이 초콜릿의 맛을 좌우하는 것은 아니다. 카카오의 산지, 발효, 로스팅, 콘칭 등의 가공과정뿐 아니라 향(우디, 플로럴, 프루트 등) 또한 초콜릿의 맛을 결정짓는 중요한 요소다. 각기 다른 산지의 카카오로 만든 다양한 종류의 초콜릿을 선입견 없이 맛보는 습관을 갖게 되면 자신의 입맛과 레시피에 맞는 초콜릿을 찾아내는 데 큰 도움이 될 것이다. 초콜릿마다 이러한 차이가 있기 때문에 실제로 한 유형의 초콜릿이 특정 레시피에 사용된 경우, 이를 다른 것으로 대체하면 최종 결과물에 적지 않은 영향을 미치기도 한다.

다크 초콜릿 Chocolat noir
가장 기본적인 형태로 최소 35% 이상의 카카오 페이스트(그중 카카오버터 함량 최소 31% 이상)와 설탕으로 이루어진다. 다크 초콜릿 종류에 따라 카카오 함량이 매우 높은 수준까지 올라가기도 한다. 또한 천연 유화제인 레시틴(콩 또는 해바라기씨)을 함유하기도 한다.

밀크 초콜릿 Chocolat au lait
카카오 페이스트 최소 25% 이상, 설탕, 우유 분말로 구성되며 레시틴, 바닐라가 첨가된다.

화이트 초콜릿 Chocolat blanc
카카오버터 최소 20%, 우유 분말 최소 14%, 설탕으로 구성되며 주로 바닐라로 향을 낸다. 카카오 페이스트를 함유하지 않은 유일한 초콜릿이다. 화이트 초콜릿에 색을 더해 데커레이션용으로 사용하기도 한다.

커버처 초콜릿 Chocolats de couverture
카카오버터 함량이 높은 커버처 초콜릿은 일반 초콜릿보다 더 잘 녹아 흐르는 상태를 유지하기 쉽고 따라서 식으면서 더 곱고 매끄러운 질감을 지니게 된다. 초콜릿 제조업자들은 이 커버처 초콜릿을 템퍼링한 다음 틀에 넣어 성형하거나 태블릿 초콜릿을 만들기도 하고 초콜릿 봉봉의 코팅용으로 사용하기도 한다. '커버처 초콜릿'이라는 이름을 붙이려면 카카오버터 함량이 최소 31%, 무지방 건조 카카오 함량이 2.5% 이상 되어야 한다. 밀크 커버처 초콜릿은 지방분이 최소 31%, 화이트 커버처 초콜릿은 카카오버터 20%, 우유 고형 건조성분 14%(이중 3.5%는 우유 분말의 유지방 성분)와 최대 55%의 설탕을 포함하고 있어야 한다.

기타 초콜릿
최근 몇 년 사이 초콜릿 제조업체들은 과일 과육이나 퓌레 베이스의 초콜릿, 밀크 캐러멜 맛의 초콜릿 등 천연 방식으로 만든 다양한 맛의 새로운 초콜릿들을 대거 출시하고 있다. 또한 싱글 오리진 초콜릿들과 빈 투 바(bean-to-bar) 초콜릿 메이커들의 독창적인 제품 등 초콜릿 선택의 폭이 매우 넓고 다양해졌다.

식물성 지방 사용
2000년부터 유럽연합은 카카오버터 대신 다른 식물성 지방(시어버터, 망고 버터, 일리페 버터 등)의 사용을 완성 초콜릿 중량의 최대 5% 한도 내에서 허용하고 있다. 초콜릿을 구입할 때 제품 포장의 설명서를 꼼꼼히 읽고 가능하면 100% 카카오버터 제품을 선택하는 것이 좋다.

초콜릿 보관 방법

초콜릿은 불투명한 밀폐 용기에 넣어 건조하고 서늘한(이상적인 온도는 16°C) 장소에 보관해야 한다. 카카오버터를 함유하고 있기 때문에 초콜릿은 냄새를 흡수하기 쉽고 따라서 적절한 방법으로 잘 싸서 보관해야 한다. 또한 습도(냉장고에 보관하면 안 되는 이유)와 빛에도 매우 예민한데 이는 안정적인 보관과 경쾌하게 탁 부러지는 단단한 질감에 나쁜 영향을 미칠 수 있기 때문이다.

초콜릿 템퍼링

초콜릿을 다룰 때에는 카카오버터가 굳는 현상에 대한 올바르고 정확한 이해가 있어야만 모양과 식감이 좋은 결과물을 얻을 수 있다. '템퍼링(mise au point 적정온도 조절)'은 초콜릿을 다룰 때 매우 중요한 과정이다. 프랑스어로 '탕페라주(tempérage)' 또는 '프레크리스탈리자시옹(précristallisation 굳기 전까지 낮춘 온도 상태)'이라고도 불리는 템퍼링은 초콜릿에 함유된 카카오버터를 안정화하여 윤기가 나며 탁 하고 깔끔하게 깨지는 질감을 만들어준다. 적정 온도로 템퍼링하지 않은 초콜릿은 완성되었을 때 표면에 윤기가 없고 희끗희끗해지며 두껍고 잘 부서지기에 보존성도 떨어진다. 초콜릿 봉봉을 만들거나 틀에 굳혀 초콜릿 모양을 만드는 경우 반드시 템퍼링 기술을 능숙하게 익혀야 한다. 전용 온도계를 준비하고 여러 번 연습해본 뒤 본인에게 가장 잘 맞는 방법을 선택하자. 이 책을 참조한다면 성공적으로 템퍼링 기술을 마스터할 수 있을 것이다.

초콜릿 템퍼링의 주요 과정

초콜릿 템퍼링에는 여러 가지 방법이 있지만 이들 모두 동일한 기본 단계에 따라 진행된다. 우선 초콜릿을 완전히 녹인 뒤 카카오버터가 다시 굳기 시작하는 일정 온도까지 식힌다. 이어서 카카오버터가 흐르는 농도가 되어 작업하기 좋은 상태가 될 때까지 살짝 온도를 올린다. 이렇게 템퍼링을 한 초콜릿은 카카오버터가 가장 안정된 상태로 굳게 된다. 카카오버터를 구성하고 있는 5개의 서로 다른 지방분자들은 각각 다른 온도에서 용해되기 때문에 템퍼링은 카카오버터 결정을 모두 같은 사이즈로 만들어 가장 안정된 형태를 얻을 수 있는 유일한 방법이다. 이 과정을 거쳐야만 매끈하고 윤기나며 깔끔하게 부러지는 단단한 강도와 부드럽게 녹는 텍스처를 얻을 수 있으며 보존성 또한 좋아진다.

따라서 각기 다른 초콜릿의 적정 작업온도를 잘 파악하는 것은 필수적이다. 다크, 밀크, 화이트 초콜릿의 템퍼링 시 각각의 온도 변화 곡선을 정확히 확인해두어야 한다. 템퍼링의 종류로는 수냉법(p.28), 접종법(p.32) 또는 대리석법(p.30)이 있으니 이 가운데 본인에게 가장 잘 맞는 방식을 선택하면 된다.

적정 분량

아주 적은 양의 초콜릿을 템퍼링하는 것은 어렵다. 왜냐하면 양이 어느 정도는 되어야 전체 온도 조절을 효과적으로 할 수 있기 때문이다. 따라서 이 책에 제시된 레시피가 각자의 수요치와 다르더라도 재료의 분량을 줄이지 말 것을 권장한다. 기대하는 결과를 얻지 못할 수 있기 때문이다. 템퍼링한 초콜릿을 모두 사용하지 않는 경우 남은 분량은 굳혀두었다가 필요할 때 다른 레시피용으로 다시 사용해도 초콜릿의 품질이나 텍스처에는 전혀 지장이 없다는 사실을 기억해두자.

초콜릿 종류별 템퍼링 온도

초콜릿 종류	녹인 온도	낮춘 온도 (PRÉ-CRISTALLISATION)	작업 온도
다크 초콜릿	50-55 °C	28-29 °C	31-32 °C
밀크 초콜릿	45-50 °C	27-28 °C	29-30 °C
화이트 및 기타 유색 초콜릿	45 °C	26-27 °C	28-29 °C

초콜릿 템퍼링 시 온도 변화

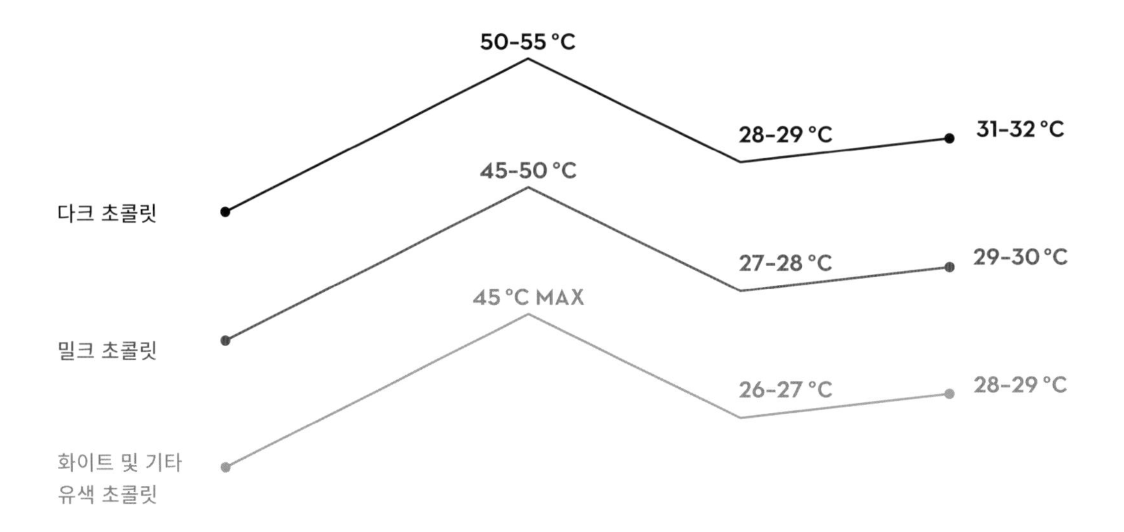

올바른 초콜릿 템퍼링 확인 방법

올바로 템퍼링한 초콜릿	제대로 템퍼링되지 않은 초콜릿
윤이 난다.	광택이 없다.
단단하다.	손으로 만지면 금방 녹는다.
식어 굳으면서 약간 수축하므로 틀에서 쉽게 분리된다.	틀에서 떼어내기 어렵다.
향을 잘 느낄 수 있다.	희끗희끗하게 색이 변한다.
입안에서 부드럽고 기분 좋게 녹는다.	매끈하지 않고 입자감이 있다.
오래 보관할 수 있다.	보존기간이 짧다.
탁 하고 매끈하게 부러진다.	지방이 굳어 흰 얼룩이 생긴다(팻 블룸).

초콜릿 몰딩 작업 중 나타날 수 있는 문제점

작업 중 커버처 초콜릿이 되직해진다.	
원인	초콜릿이 너무 식어 굳기 때문이다. 지방 성분에 공기가 유입되었기 때문이다. 이 경우 부피가 늘어난다.
해결 방법	초콜릿에 공기가 주입되지 않도록 너무 많이 젓지 않는다. 뜨겁게 녹인 초콜릿을 조금 넣어주거나 히트 건 등으로 열을 살짝 가해 온도를 높인다.
완성된 초콜릿에 광택이 나지 않는다.	
원인	초콜릿 템퍼링이 올바로 되지 않은 경우. 작업실 상온 또는 냉장고 온도(혹은 둘 다)가 너무 낮은 경우. 깨끗하지 않은 초콜릿 몰드나 전사지 등을 사용한 경우.
해결 방법	작업실의 실온은 19~23°C, 냉장 온도는 8~12°C가 되어야 한다. 초콜릿 몰드나 전사지 등은 항상 이물질 없이 깨끗하게 준비한다. 탈지면으로 닦은 뒤 사용한다.
초콜릿이 몰드에서 균일하게 분리되지 않고 쉽게 깨진다.	
원인	차가운 커버처 초콜릿을 상온의 몰드에 부어 채운 경우, 또는 너무 차가운 몰드를 사용한 경우.
해결 방법	템퍼링 온도 조절을 정확히 준수한다. 몰드는 탈지면으로 닦아 항상 깨끗이 준비한다. 몰드는 상온(22°C) 상태로 사용한다.
초콜릿이 몰드에서 분리된 후 허옇게 변한다(표면에 광택이 없음, 수축이 제대로 되지 않음).	
원인	차가운 커버처 초콜릿을 차가운 몰드에 부어 채운 경우.
해결 방법	템퍼링 온도 조절을 정확히 준수한다. 적정 온도를 맞춘다. 몰드는 상온(22°C) 상태로 사용한다.
초콜릿이 몰드에서 분리되지 않는다. 커버처 초콜릿이 몰드에 달라붙고 줄무늬가 생긴다.	
원인	차가운 커버처 초콜릿을 높은 온도의 몰드에 부어 채운 경우. 템퍼링이 잘못되었을 경우.
해결 방법	템퍼링 온도 조절을 정확히 준수한다. 적정 온도를 맞춘다. 몰드는 상온(22°C) 상태로 사용한다.
초콜릿에 금이 가고 깨진다.	
원인	초콜릿을 몰드에 채운 다음 온도를 너무 급격히 낮춘 경우.
해결 방법	초콜릿을 작업대에서 식혀 굳을 때까지 기다린 다음 냉장고(8~12°C)에 넣는다.
초콜릿이 허옇게 변한다(팻 블룸 현상).	
원인	따뜻한 온도의 커버처 초콜릿을 너무 차가운 냉장고에 넣은 경우. 습도가 높아 응결된 경우. 템퍼링이 제대로 되지 않은 경우.
해결 방법	템퍼링 온도 조절을 정확히 준수한다. 적정 온도를 맞춘다. 냉장 온도는 8~12°C이어야 한다.
초콜릿 표면에 얼룩 자국이 남는다.	
원인	몰드가 지저분하거나 제대로 닦이지 않아 매끈하지 않으며 탁하고 뿌옇다.
해결 방법	탈지면에 알코올(90°)을 묻힌 다음 몰드의 기름기를 완벽하게 제거한다. 완전히 건조시킨 뒤 마른 탈지면으로 다시 한 번 닦아준다.

테크닉

LES TECHNIQUES

초콜릿 작업하기

초콜릿 템퍼링(수냉법)

Mise au point du chocolat au bain-marie

작업 시간
25분

도구
주걱
주방용 전자 온도계

재료
커버처 초콜릿
(다크, 밀크, 화이트)

1 • 내열 볼에 잘게 썬 초콜릿을 넣고 물이 약하게 끓고 있는 중탕 냄비 위에 올려 50°C(다크 초콜릿), 또는 45°C(밀크 또는 화이트 초콜릿)까지 잘 저으며 녹인다.

2 • 초콜릿이 완전히 녹으면 볼을 얼음물이 담긴 큰 용기에 담그고 잘 저으며 온도를 낮춘다.

3 • 초콜릿의 온도가 28~29°C(다크 초콜릿), 27~28°C(밀크 초콜릿), 26~27°C(화이트 초콜릿)까지 떨어지면 다시 중탕 냄비 위에 놓고 가열해 온도를 각각 31~32°C(다크 초콜릿), 29~30°C(밀크 초콜릿), 28~29°C(화이트 초콜릿)까지 올린다.

초콜릿 템퍼링(대리석법)

Mise au point du chocolat par tablage

작업 시간
25분

도구
L자 스패출러
스크레이퍼
주방용 전자 온도계
대리석 작업대

재료
커버처 초콜릿
(다크, 밀크, 화이트)

1• 내열 볼에 잘게 썬 초콜릿을 넣고 물이 약하게 끓고 있는 중탕 냄비 위에 올려 50°C(다크 초콜릿), 또는 45°C(밀크 또는 화이트 초콜릿)까지 잘 저으며 녹인다. 녹인 초콜릿의 2/3를 깨끗하고 물기 없는 대리석 작업대 위에 쏟아 붓고 온도를 낮춘다.

2 • L자 스패출러와 삼각 스텐 스크레이퍼를 사용해 초콜릿을 바깥에서 안쪽으로 긁어모은다.

3 • 다시 넓게 펴준 다음 같은 동작을 반복하여 온도를 낮춘다.

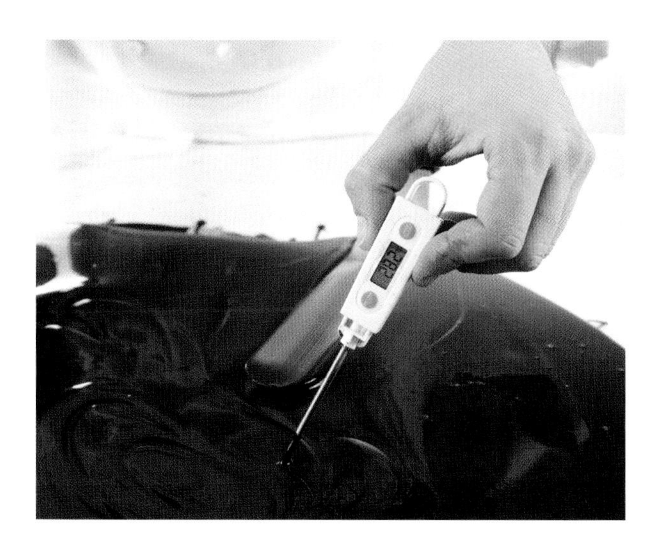

4 • 초콜릿의 온도가 28~29°C(다크 초콜릿), 27~28°C(밀크 초콜릿), 26~27°C(화이트 초콜릿)까지 떨어지면 다시 온도를 높여주어야 한다.

5 • 대리석 위에서 식힌 초콜릿을 조금씩 볼에 다시 옮겨 담고 남겨두었던 따뜻한 초콜릿 1/3과 혼합하여 각각 31~32°C(다크 초콜릿), 29~30°C(밀크 초콜릿), 28~29°C(화이트 초콜릿)로 온도를 올린다.

초콜릿 템퍼링(접종법)

Mise au point du chocolat par ensemencement

작업 시간
20분

도구
내열 볼
알뜰주걱
주방용 전자 온도계

재료
커버처 초콜릿
(다크, 밀크, 화이트)

1 • 내열 볼에 초콜릿의 2/3를 잘게 썰어 넣고 물이 약하게 끓고 있는 중탕 냄비 위에 올려 50°C(다크 초콜릿), 또는 45°C(밀크 또는 화이트 초콜릿)까지 녹인다. 균일하게 녹도록 주걱으로 잘 저어준다.

2 • 나머지 초콜릿 1/3도 잘게 썰어 녹인 초콜릿에 넣어준다.

3 • 알뜰주걱으로 잘 저어 섞는다. 초콜릿의 온도가 28°C(다크 초콜릿), 27~28°C(밀크 초콜릿), 26°C(화이트 초콜릿)까지 떨어져야 한다.

4 • 볼을 다시 중탕 냄비 위에 놓고 초콜릿의 온도를 31~32°C (다크 초콜릿), 29~30°C(밀크 초콜릿), 28~29°C(화이트 초콜릿)로 올린다.

태블릿 초콜릿

Moulage tablette au chocolat

작업 시간
10분

조리
15분

굳히기
20분

수축
30분

보관
1~2개월. 잘 싸서 밀폐 용기에 넣어 직사광선이 들지 않고 냄새가 밸 염려가 없는 서늘한 곳에 둔다.

도구
태블릿 초콜릿 몰드
짤주머니
주방용 전자 온도계

재료
템퍼링한 다크, 밀크, 화이트 커버처 초콜릿(P.28~32 테크닉 참조)
각종 견과류
(헤이즐넛, 아몬드 등)

1 • 오븐을 150°C로 예열한다. 유산지를 깐 베이킹 팬 위에 헤이즐넛, 아몬드 등의 너트를 펼쳐놓고 오븐에 넣어 15분간 로스팅한다. 템퍼링한 초콜릿을 깍지 없는 짤주머니에 넣고 끝을 잘라준 다음, 태블릿 초콜릿 몰드에 끝까지 가득 채워 넣는다.

2 • 몰드를 바닥에 탁탁 쳐 공기를 빼준다.

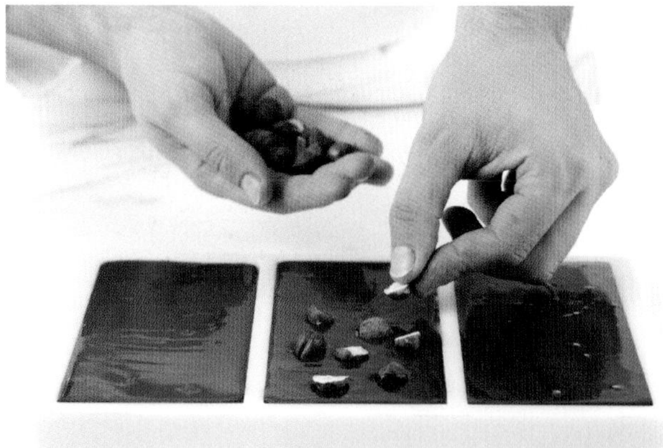

3 • 로스팅한 뒤 식힌 헤이즐넛과 아몬드를 아직 굳지 않은 상태의 초콜릿 위에 고루 얹어놓는다.

셰프의 조언

초콜릿을 몰드에 채워 넣기 전에 몰드 상태를 꼼꼼히 체크한다. 긁힌 자국이 있거나
지저분한 몰드를 사용하면 초콜릿이 제대로 수축되지 않는다. 흡수성이 있는 탈지면과
이쑤시개를 이용해 몰드 구석까지 깨끗하게 닦아준 다음 사용한다.

4 • 초콜릿이 굳어 몰드 가장자리로부터 살짝 수축될 때까지 둔다.
몰드를 뒤집어 분리해낸다.

셰프의 조언

초콜릿을 뒤집어 분리하기 전 몰드의 온도는
상온(20~22℃)이 되도록 한다.

필링을 넣은 태블릿 초콜릿

Moulage de tablettes fourrées

태블릿 초콜릿(각 300g) 5개 분량

작업 시간
1시간

인퓨징
30분

굳히기
30분

보관
20일까지. 잘 싸서 밀폐 용기에 넣어 서늘한 곳에 둔다.

도구
체망
거품기
핸드블렌더
태블릿 초콜릿 몰드
짤주머니
알뜰주걱
주방용 전자 온도계

재료

태블릿 초콜릿
다크 커버처 초콜릿 1kg
(p.34 테크닉 참조)

서양배 필링
서양배(poire williams) 퓌레 150g
레몬향 산초 페퍼콘 2g
레몬즙 5g
설탕 30g + 110g
옐로우 펙틴(pectine jaune) 9g
이소말트 66g
글루코스 시럽(물엿) 66g
서양배 브랜디 30g

1• 초콜릿을 템퍼링한 다음 짤주머니를 이용해 태블릿 몰드 안에 가득 채워 넣는다. 몰드를 뒤집어 여분의 초콜릿을 덜어낸 다음 스크레이퍼로 틀 가장자리를 깔끔하게 긁어준다. 그 상태로 굳도록 20분간 둔다.

2 • 소스팬에 서양배 퓌레를 넣고 거품기로 저으며 50°C가 될 때까지 가열한다. 여기에 산초 페퍼콘을 넣고 불에서 내린 뒤 30분간 향을 우려낸다.

3 • 서양배 퓌레를 고운 체망에 거른다.

4 • 걸러낸 퓌레와 레몬즙을 소스팬에 넣고 거품기로 저으며 70°C까지 가열한다. 펙틴 가루와 미리 섞어둔 설탕 30g을 넣고 끓을 때까지 거품기로 저으며 가열한다.

5 • 나머지 설탕 110g, 이소말트, 글루코스 시럽을 첨가한 다음 거품기로 계속 저으며 중불에서 2분간 끓인다. 서양배 브랜디를 넣고 거품기로 잘 섞은 뒤 28°C까지 식힌다.

필링을 넣은 태블릿 초콜릿(계속)

6 • 핸드블렌더로 갈아 균일한 질감의 즐레를 만든다. 초콜릿이 굳은 태블릿 몰드 안에 혼합물을 짤주머니로 짜 넣는다. 상온에 두어 굳힌다.

7 • 템퍼링한 초콜릿을 짤주머니에 넣은 뒤 즐레를 채운 태블릿 몰드 위에 한 겹 짜 얹어 덮어준다.

8 • 알뜰주걱으로 여분의 초콜릿을 긁어낸다. 냉장고에 넣어 15분간 굳힌다.

9 • 초콜릿을 조심스럽게 몰드에서 분리해낸다.

FERRANDI
PARIS

FERRANDI
FERRANDI
PARIS

망디앙 태블릿 초콜릿

Moulage de tablettes mendiant

태블릿 초콜릿(각 300g) 5개 분량

작업 시간
20분

조리
15분

굳히기
1시간

보관
1~2개월. 잘 싸서 밀폐 용기에 넣어 서늘한 곳에 둔다.

도구
태블릿 초콜릿 몰드
짤주머니
실리콘 패드
주방용 전자 온도계

재료

태블릿 초콜릿
템퍼링한 다크 커버처 초콜릿 300g
(p.28~32 테크닉 참조)

망디앙 너트 혼합물
달걀흰자 50g
아몬드 75g
헤이즐넛 75g
잣 75g
소금(플뢰르 드 셀) 1g
피스타치오 75g
캔디드 오렌지 필 75g

1 • 볼에 달걀흰자를 넣고 거품을 올린다. 아몬드, 헤이즐넛, 잣과 소금을 넣어준다.

2 • 거품 낸 달걀흰자와 견과류를 잘 섞은 뒤 실리콘 패드를 깐 오븐팬에 고르게 펼쳐놓는다. 150°C로 예열한 오븐에 넣어 15분간 로스팅한다(타지 않도록 주의한다).

3 • 완전히 식힌 뒤 볼에 담는다.

4 • 피스타치오와 작은 큐브모양으로 썬 캔디드 오렌지 필을 혼합물에 넣어 섞는다. 태블릿 초콜릿 몰드 바닥에 너트와 오렌지 필 혼합물을 고루 넣어 깔아준다.

5 • 템퍼링한 다크 초콜릿(p.28~32 테크닉 참조)을 짤주머니에 넣은 뒤 망디앙 혼합물을 깔아둔 태블릿 몰드에 짜 넣는다. 서늘한 장소(16°C)에서 1시간 또는 냉장고에 20분간 넣어 굳힌다. 태블릿 몰드를 뒤집어 초콜릿을 조심스럽게 분리해낸다.

초콜릿 하프 셸 에그

Moulage de demi-œufs en chocolat

작업 시간
10분

굳히기
20분

수축
30분

보관
1~2개월. 잘 싸서 밀폐 용기에 넣어 서늘한 곳에 둔다.

도구
하프 셸 에그 초콜릿 몰드
스크레이퍼
주방용 전자 온도계

재료

태블릿 초콜릿
템퍼링한 다크, 밀크 또는 화이트 커버처 초콜릿(p.28~32 테크닉 참조)

1 • 템퍼링한 초콜릿을 몰드에 부어 넣는다. 좀 더 두꺼운 초콜릿 셸을 원하는 경우에는 미리 붓으로 초콜릿을 몰드에 얇게 한 켜 발라두거나, 과정 1~3을 두 번에 걸쳐 해준다.

2 • 거의 넘칠 정도로 몰드에 가득 채워 넣은 다음 바닥에 탁탁 쳐 공기를 빼준다.

3 • 몰드를 뒤집어 여분의 초콜릿을 덜어낸다.

4 • 뒤집은 상태에서 스텐 스크레이퍼로 몰드 표면을 밀어내 각 하프 셸의 가장자리를 깔끔하게 만든다.

5 • 몰드를 뒤집어놓은 상태에서 약 5분 정도 초콜릿을 굳힌다. 굳은 후 다시 몰드를 바로 놓고 스크레이퍼나 작은 나이프로 초콜릿을 긁어내 각 셸의 가장자리를 깨끗하게 다듬어준다.

6 • 초콜릿이 수축되기에 가장 이상적인 온도인 18°C의 서늘한 곳에 두거나 또는 냉장고 맨 윗부분에 약 30분 동안 넣어둔다. 초콜릿이 단단하게 굳어 몰드 벽으로부터 수축되면 살짝 틈이 생긴다. 이때가 바로 틀에서 분리할 때다. 조심스럽게 몰드를 뒤집은 다음 틀에서 빼낸다.

작은 모양 초콜릿

Moulage de friture

작업 시간
20분

굳히기
1시간

보관
1개월. 잘 싸서 밀폐 용기에 넣어 서늘한 곳에 둔다.

도구
물고기, 조개 등의 작은 모양 초콜릿 몰드
짤주머니

재료
다크, 밀크 또는 화이트 커버처 초콜릿 200g

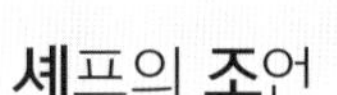

셰프의 조언

초콜릿을 몰드에 채워 넣기 전에 몰드 상태를 꼼꼼히 체크한다. 긁힌 자국이 있거나 지저분한 몰드를 사용하면 초콜릿이 제대로 수축하지 못한다. 부드러운 천으로 몰드 각 칸을 깨끗이 닦아준 다음 사용한다.

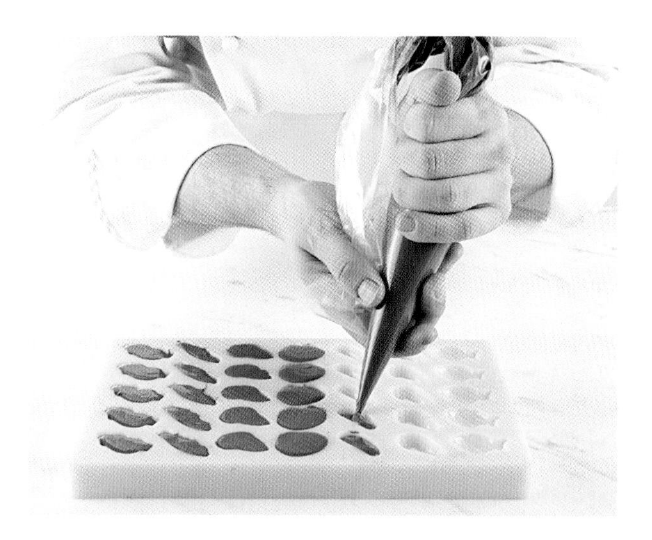

1 • 준비한 초콜릿을 템퍼링한다(p.28~32 테크닉 참조). 템퍼링한 초콜릿을 짤주머니로 짜 몰드 공간에 채워 넣는다. 너무 과하게 채워 넣지 않도록 주의한다.

2 • 몰드를 바닥에 탁탁 쳐 공기를 빼고 평평하게 만든 다음 약 1시간 동안 굳힌다.

3 • 몰드를 뒤집어 평평한 작업대 바닥에 놓고 초콜릿을 분리해낸다.

크림

초콜릿 가나슈

Ganaches au chocolat

가나슈 300g 분량

작업 시간
15분

조리
5분

보관
냉장고에서 2일

도구
거품기
핸드블렌더
주방용 전자 온도계

재료

다크 초콜릿 가나슈
다크 커버처 초콜릿
(카카오 62%) 130g
액상 생크림
(유지방 35%) 155g
전화당 10g
버터 30g

밀크 초콜릿 가나슈
밀크 커버처 초콜릿
(카카오 35%) 200g
액상 생크림
(유지방 35%) 150g
전화당 10g

휩드 프랄리네 가나슈
밀크 커버처 초콜릿
(카카오 40%) 65g
헤이즐넛 프랄리네 50g
액상 생크림
(유지방 35%) 70g + 170g

화이트 초콜릿 가나슈
밀크 커버처 초콜릿
(카카오 40%) 65g
화이트초콜릿 150g
액상 생크림
(유지방 35%) 70g + 170g
바닐라 빈 1줄기(선택사항)

1 • 밀크 초콜릿 가나슈를 만든다. 우선 미리 잘게 잘라둔 초콜릿을 중탕으로 35°C까지 가열해 녹인다. 소스팬에 생크림과 전화당을 넣고 35°C까지 가열한다.

2 • 데운 생크림을 35°C로 녹인 초콜릿에 조심스럽게 부으며 거품기로 잘 저어 섞는다.

3 • 매끈한 가나슈가 될 때까지 잘 저어 섞어준다. **다크 초콜릿 가나슈**를 만들 때에는 작은 큐브 모양으로 썰어둔 차가운 버터를 넣고 핸드블렌더로 갈아 혼합해준다.

휩드 프랄리네 가나슈의 경우, 잘게 다진 초콜릿과 헤이즐넛 프랄리네에 뜨거운 생크림 70g을 붓고 잘 저어 녹인다. 여기에 차가운 나머지 생크림을 여러 번에 나누어 넣으며 섞어준다. 랩을 씌워 냉장고에서 식힌 다음 거품기로 휘저어 휘핑한다.

화이트 초콜릿 가나슈의 경우, 바닐라 빈 가루를 첨가해도 좋다. 바닐라 빈을 생크림 70g에 넣고 뜨겁게 데운 다음 잘게 다진 화이트 초콜릿에 붓고 잘 저어 녹인다. 나머지 과정은 휩드 프랄리네 가나슈와 같은 방법으로 진행한다.

초콜릿 크렘 앙글레즈

Crème anglaise au chocolat

250g 분량

작업 시간
30분

조리
5분

보관
냉장고에서 48시간

도구
체망
거품기
주방용 전자 온도계

재료
우유(전유) 100g
액상 생크림(유지방 35%) 100g
설탕 30g
달걀노른자 30g
다크 초콜릿(카카오 64%) 50g

1 • 소스팬에 우유, 생크림, 설탕 분량의 반을 넣고 끓을 때까지 가열한다. 볼에 달걀노른자와 나머지 설탕을 넣고 색이 뽀얗게 변할 때까지 거품기로 휘저어 섞는다.

2 • 소스팬의 우유와 생크림이 끓으면 볼 안의 혼합물에 일부분을 붓고 거품기로 잘 저어 섞는다.

3 • 볼의 혼합물을 다시 소스팬에 부은 뒤 가열한다. 주걱으로 계속 저어주며 온도가 83~85°C에 달하고 크림이 주걱에 묻는 농도가 될 때까지 익힌다(cuisson à la nappe).

4 • 주걱을 들어 올린 뒤 손가락으로 길게 문질러보았을 때 그 자국이 그대로 남으면 크림 농도가 알맞게 완성된 것이다.

5 • 완성된 뜨거운 크림을 체에 거르며 잘게 썬 초콜릿 위에 붓는다.

6 • 거품기로 잘 저어 섞는다. 볼을 얼음 위에 올려 식힌 뒤 사용한다.

초콜릿 크렘 파티시에

Crème pâtissière au chocolat

250g 분량

작업 시간
30분

조리
5분

보관
냉장고에서 48시간

도구
체망
스크레이퍼
거품기
체
주방용 전자 온도계

재료
우유(전유) 200g
설탕 40g
바닐라 빈 1줄기
달걀 40g
옥수수전분 10g
밀가루 10g
버터 20g
다크 초콜릿(카카오 70%) 40g
퓨어 카카오 페이스트 10g

1 • 소스팬에 우유와 설탕 분량의 반, 길게 갈라 긁은 바닐라 빈을 넣고 가열한다.

2 • 볼에 달걀과 나머지 설탕을 넣고 색이 뽀얗게 변할 때까지 거품기로 휘저어 섞는다. 함께 체에 친 옥수수전분과 밀가루를 넣고 잘 섞는다.

3 • 소스팬의 우유가 끓으면 일부를 볼 안의 혼합물에 붓고 잘 저어 풀어주며 온도를 올린다.

셰프의 조언

- 크렘 파티시에를 빨리 식히려면 주방용 랩을 깐 넓은 오븐팬에 펼쳐놓은 뒤 다시 랩을 밀착해 덮어놓는다.
- 이 레시피의 다크 초콜릿은 밀크 초콜릿이나 화이트 초콜릿 50g으로 대체할 수 있다.

4 • 혼합물을 다시 소스팬에 넣고 거품기로 세게 저어주며 익힌다. 2~3분간 끓인다. 작게 잘라둔 버터를 마지막에 넣고 잘 섞는다.

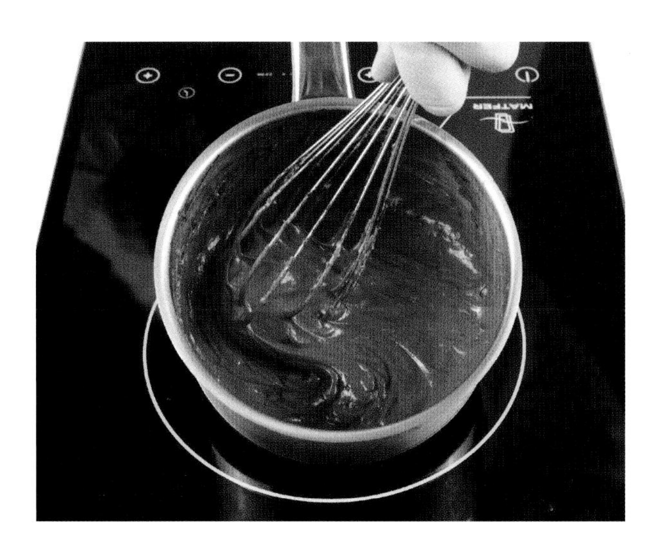

5 • 작게 잘라둔 초콜릿을 크렘 파티시에에 넣고 균일한 질감이 될 때까지 거품기로 잘 저어 섞는다.

초콜릿 소스

Sauce au chocolat

550g 분량

작업 시간
15분

조리
5분

보관
냉장고에서 4일

도구
거품기
핸드블렌더
주방용 전자 온도계

재료
우유(전유) 150g
액상 생크림
(유지방 35%) 130g
글루코스 시럽(물엿) 70g
다크 커버처 초콜릿
(카카오 70%) 200g
소금 1g

1 • 소스팬에 우유와 생크림, 글루코스 시럽을 넣고 약하게 끓을 때까지 가열한다.

2 • 초콜릿을 작게 자른다. 뜨거운 우유 혼합물을 초콜릿에 붓는다. 소금을 넣고 거품기로 잘 저어 섞는다.

3 • 핸드블렌더로 갈아 매끄럽고 균일한 질감이 되도록 유화한다.

초콜릿 판나코타

Pannacotta au chocolat

100g 용기 6개 분량

작업 시간
20분

냉장
2시간

보관
냉장고에서 48시간

도구
100g 짜리 작은 용기 6개
거품기
작은 체망
주방용 전자 온도계

재료
우유(전유) 200g
액상 생크림
(유지방 35%) 300g
판 젤라틴 4g
다크 커버처 초콜릿
(카카오 60%) 130g

1 • 소스팬에 우유와 생크림을 넣고 끓을 때까지 가열한다. 끓기 시작하면 불에서 내린다. 미리 찬물에 담가 불린 뒤 꼭 짠 젤라틴을 넣고 잘 섞는다.

2 • 초콜릿을 잘게 다진다. 그 위에 뜨거운 우유 혼합물을 붓는다.

3 • 거품기로 잘 저어 섞는다.

4 • 서빙 용기에 나누어 부은 뒤 냉장고에 최소 2시간 넣어둔다.

초콜릿 라이스 푸딩

Riz au lait au chocolat

작은 래므킨 약 10개 분량

작업 시간
5분

조리
45분

냉장
1시간

보관
냉장고에서 48시간

도구
래므킨(ramequin) 또는
작은 볼 10개
거품기

재료
저지방 우유 1리터
액상 생크림
(유지방 35%) 250g
설탕 70g
바닐라 빈 1줄기
낟알이 둥근 단립종 쌀 125g
밀크 초콜릿
(카카오 40%) 125g

1 • 소스팬에 우유, 생크림을 넣고 끓을 때까지 가열한다. 설탕과 길게 갈라 긁은 바닐라 빈을 넣어준다.

셰프의 조언

바닐라 빈 대신 사프란 꽃술 3~4가닥을 넣거나
건포도나 건살구와 같은 건과일을 추가하면
좀 더 독특한 라이스 푸딩을 만들 수 있다.

2 • 불을 최대한 줄여 아주 약하게 끓는 상태에서 쌀을 고루 붓고 거품기로 잘 저어준다.

3 • 계속 약하게 끓여 걸쭉해지기 시작하면 쌀이 완전히 익을 때까지 계속 잘 저어준다. 중간중간 먹어보며 익은 쌀의 식감을 확인한다.

4 • 쌀이 익은 뒤, 칼로 잘게 다져둔 초콜릿을 라이스 푸딩에 넣고 주걱으로 잘 저어 녹인다. 서빙용 작은 볼이나 래므킨에 나누어 붓고 냉장고에 넣어 식힌다.

초콜릿 스프레드

Pâte à tartiner au chocolat

250ml 병 6개 분량

작업 시간
15분

굳히기
1시간 20분

보관
냉장고에서 2주

도구
250ml 밀폐용 유리병 6개
핸드블렌더
주방용 전자 온도계

재료
밀크 커버처 초콜릿
(카카오 46%) 175g
헤이즐넛 프랄리네
(헤이즐넛 55%) 785g
정제버터 40g

셰프의 조언

페이스트의 농도가 부드러워지도록
먹기 1시간 전에 미리 냉장고에서 꺼내둔다.

1 • 중탕으로 45~50°C까지 녹인 초콜릿을 헤이즐넛 프랄리네 (praliné noisette)에 붓는다.

2 • 알뜰주걱으로 잘 섞은 뒤 정제버터를 넣어준다. 매끈한 질감이 될 때까지 잘 저어 섞는다.

3 • 밀폐용 병에 스프레드를 채우고 식힌 다음 뚜껑을 닫는다. 냉장고에 넣어 굳힌다.

초콜릿 패션프루트 스프레드

Pâte à tartiner chocolat-passion

250ml 병 7개 분량

작업 시간
2시간

조리
2시간

굳히기
1시간

보관
냉장고에서 2주

도구
250ml 유리병 7개
핸드블렌더
타공 오븐팬
푸드프로세서
체
실리콘 패드
주방용 전자 온도계

재료

패션프루트 헤이즐넛 가루
패션프루트 퓌레 460g
헤이즐넛 가루 340g

헤이즐넛 베이스 스프레드
밀크 커버처 초콜릿
(카카오 46%) 175g
액상 정제버터 40g
헤이즐넛 프랄리네
(헤이즐넛 55%) 785g

1 • 헤이즐넛 가루와 패션프루트 퓌레를 섞는다.

2 • 실리콘 패드를 깐 타공 오븐팬에 혼합물 반죽을 놓고 주걱으로 얇게 펼쳐준다. 80°C 오븐에서 약 2시간 건조시킨다.

3 • 식힌 다음 작게 부순다. 푸드프로세서에 넣고 곱게 분쇄한다. 체에 내려 뭉친 덩어리가 없는 균일한 입자로 만든다.

셰프의 조언

먹기 20분 전에 병을 냉장고에서 꺼내둔다.

4 • 초콜릿을 잘게 다진 뒤 중탕으로 45~50°C로 녹인다. 헤이즐넛 프랄리네와 정제버터를 넣고 다시 45°C까지 가열한다. 불에서 내려 식힌다. 굳기 시작하는 25~26°C가 되면 패션프루트 헤이즐넛 가루를 넣어준다.

5 • 균일한 혼합물이 될 때까지 알뜰주걱으로 잘 저어 섞는다.

6 • 병에 나누어 담고 식힌 다음 뚜껑을 닫아 밀봉한다. 냉장고에 넣어 굳힌다.

반죽

초콜릿 파트 사블레

Pâte sablée au chocolat

반죽 550g 분량

작업 시간
20분

냉장
2시간

보관
랩으로 싼 뒤 냉장고에서 5일

도구
스크레이퍼
전동 스탠드 믹서
파티스리용 밀대
체

재료
밀가루 (T65) 210g
코코아가루 40g
슈거파우더 125g
소금 1g
버터 125g
달걀 50g

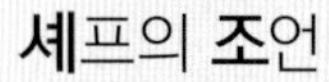

셰프의 조언

무가당 100% 순 코코아가루를 사용한다.

1 • 함께 체에 친 밀가루, 코코아가루, 슈거파우더와 소금을 전동 스탠드 믹서 볼에 넣고 플랫비터로 돌려 섞는다.

2 • 작게 깍둑 썰어둔 버터를 조금씩 넣으며 섞는다. 혼합물의 질감이 모래처럼 부슬부슬해지면 풀어놓은 달걀을 넣어준다. 다시 플랫비터로 섞어 균일한 질감의 혼합물을 만든다.

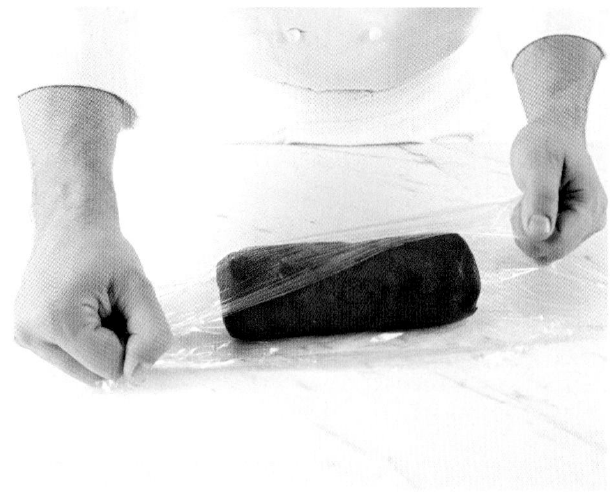

3 • 길쭉한 원통형으로 뭉친 뒤 랩으로 싸서 사용하기 전까지 2시간 동안 냉장고에 넣어둔다.

초콜릿 파트 푀유테

Pâte feuilletée au chocolat

반죽 650g 분량

작업 시간
3시간

냉장
2시간

보관
랩으로 싼 뒤 냉장고에서 3일
랩으로 싼 뒤 냉동실에서 3개월

도구
스크레이퍼
칼
파티스리용 밀대
체

재료
소금 5g
물 145g
밀가루(T65) 220g
무가당 코코아가루 20g
녹인 버터 25g
푀유타주용 저수분 버터
(beurre de tourage) 200g

1 • 볼에 소금, 물, 함께 체에 친 코코아가루와 밀가루, 녹인 버터를 넣고 섞어 데트랑프(détrempe) 반죽을 만든다. 스크레이퍼로 고루 혼합하여 반죽을 만든다. 너무 많이 치대지 않는다.

2 • 반죽을 꺼내 둥글게 뭉친다. 반죽의 휴지를 위해 격자무늬로 칼집을 내준다. 주방용 랩으로 싼 뒤 냉장고에 최소 20분간 넣어둔다.

셰프의 조언

초콜릿색의 반죽은 구울 때 색의 변화 차이를 잘 감지하기 어려우니
주의해서 지켜봐야 한다.

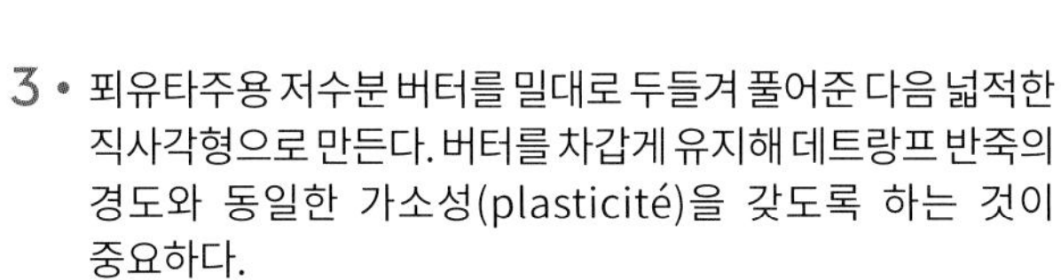

3 • 퓌유타주용 저수분 버터를 밀대로 두들겨 풀어준 다음 넓적한 직사각형으로 만든다. 버터를 차갑게 유지해 데트랑프 반죽의 경도와 동일한 가소성(plasticité)을 갖도록 하는 것이 중요하다.

4 • 반죽을 버터의 2배 길이로 민다. 버터를 반죽 위에 놓고 덮어 감싼다.

5 • 버터를 감싸고 남는 여분의 반죽은 잘라낸다.

6 • 작업대에 덧 밀가루를 살짝 뿌린 뒤 밀대를 사용하여 버터를 넣은 반죽을 길이 60cm, 폭 25cm로 민다(기본 3절 접기 기준 5회 예정).

초콜릿 파트 푀유테(계속)

Pâte feuilletée au chocolat

7 • 반죽을 4절 접기(tour portefeuille) 한다. 우선 양쪽 끝을 중앙으로(각 1/3, 2/3 비율로) 접은 다음 다시 반으로 접는다. 반죽을 오른쪽으로 90° 돌려놓는다.

8 • 다시 반죽을 길게 민 다음 3절 접기(tour simple) 한다. 이렇게 하면 기본 3절 접기 기준 2.5회를 마친 상태가 된다. 반죽을 주방용 랩으로 싼 다음 냉장고에 30분 정도 넣어둔다. 접힌 반죽의 열린 쪽이 옆으로 오도록 맞춘다.

9 • 과정 7, 8을 반복해 3절 접기 기준 총 5회를 완성한다. 랩으로 싼 다음 냉장고에 넣어 30분간 휴지시킨 뒤 사용한다.

초콜릿 크루아상

Pâte à croissant au chocolat

크루아상 16개 분량

작업 시간
3시간

냉장
1시간

휴지
1시간

발효
3시간

보관
랩으로 싼 뒤 냉장고에서
24시간

도구
스크레이퍼
초콜릿용 비닐 시트
주방용 붓
전동 스탠드 믹서
파티스리용 밀대
체

재료
푀유타주용 저수분 버터
(beurre de tourage) 250g
무가당 코코아가루 30g + 40g
밀가루(T65) 250g
밀가루
(farine de gruau T45) 250g
소금 12g
설탕 70g
우유분말 60g
제빵용 생이스트 15g
우유(전유) 30g
물 280g

달걀물
달걀 50g
달걀노른자 50g
우유(전유) 50g

1• 푀유테 반죽을 만들기 최소 1시간 전에 푀유타주용 버터와 코코아가루 30g을 혼합한다.

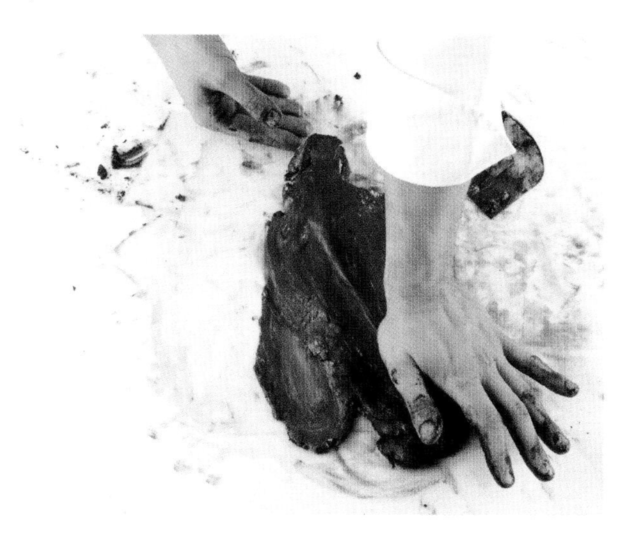

2• 스크레이퍼와 두 손을 이용해 버터와 코코아가루를 섞는다. 초콜릿용 비닐 시트를 덮어 원하는 정도로 굳을 때까지 냉장고에 넣어둔다. 하룻밤 넣어두는 것이 좋다.

3• 두 종류의 밀가루를 섞은 뒤 작업대에 놓고 가운데 공간을 만든다. 여기에 나머지 코코아가루, 소금, 설탕, 우유 분말을 넣는다. 옆에 또 하나의 작은 공간을 만든 뒤 잘게 부순 생이스트와 우유를 넣어준다. 이스트에 물을 조금 넣고 나머지 물은 큰 공간 안의 가루 재료에 붓는다.

초콜릿 크루아상(계속)

Pâte à croissant au chocolat

4 • 손가락으로 중앙의 재료들을 살살 섞기 시작한다.

5 • 스크레이퍼로 밀가루를 가운데 쪽으로 긁어 옮기며 섞어준다.

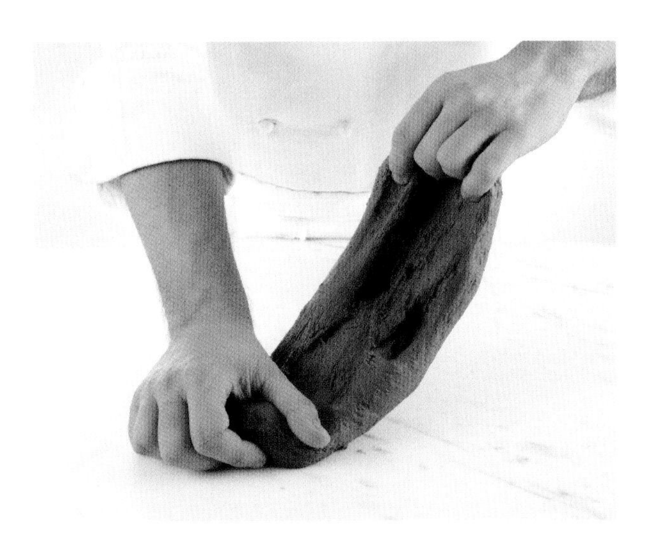

6 • 재료가 균일하게 섞이도록 치대어 반죽한다. 반죽을 둥글게 뭉친 뒤 냉장고에 최소 20분 넣어둔다.

7 • 코코아가루와 섞어둔 버터를 밀대로 두들겨 풀어준 다음 정사각형 모양으로 만든다. 버터를 차갑게 유지해 데트랑프 반죽의 경도와 동일한 가소성(plasticité)을 갖도록 하는 것이 중요하다.

8 • 반죽을 버터의 2배 길이로 민다. 정사각형으로 만들어놓은 버터를 반죽 위에 놓고 덮어 감싼다.

9 • 작업대에 덧 밀가루를 살짝 뿌린 뒤 버터를 넣은 반죽을 길이 60cm, 폭 25cm로 민다.

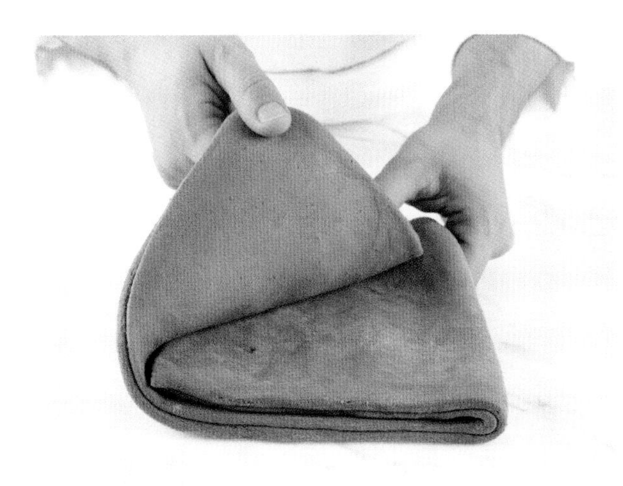

10 • 반죽을 3절 접기(tour simple) 한 다음 오른쪽으로 90° 돌려놓는다.

11 • 다시 밀대로 길게 민다.

초콜릿 크루아상(계속)

Pâte à croissant au chocolat

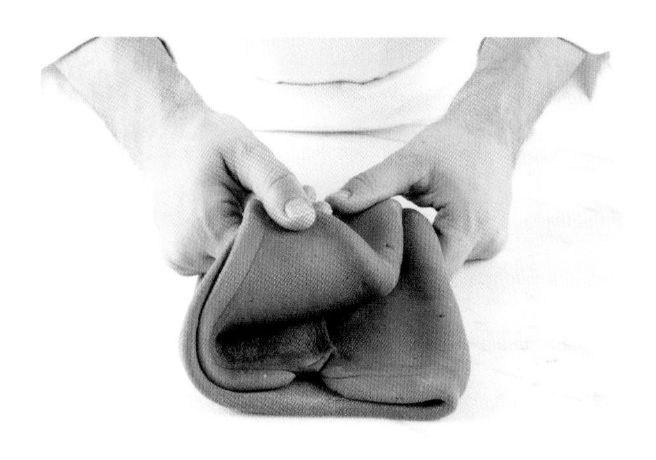

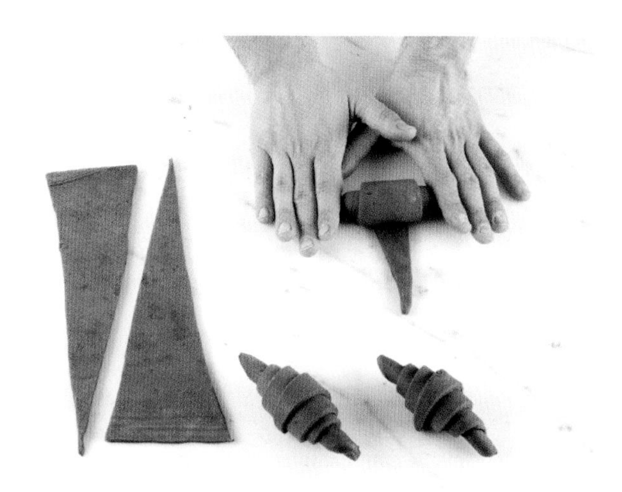

12 • 반죽을 4절 접기(tour portefeuille) 한다. 우선 양쪽 끝을 중앙으로(각 1/3, 2/3 비율로) 접은 다음 다시 반으로 접는다. 이렇게 하면 기본 3절 접기 기준 2.5회를 마친 상태가 된다. 반죽을 주방용 랩으로 싼 다음 냉장고에 30분 정도 넣어둔다.

13 • 반죽을 두께 4mm로 밀어 50 x 24cm의 직사각형을 만든다. 칼끝으로 반죽 긴 면의 한쪽 가장자리에 8cm 간격으로 표시를 해둔다. 다른 쪽 긴 면에도 반대편과 4cm씩 엇갈리며 마찬가지로 8cm 간격 표시를 해준다. 표시해둔 지점을 연결하여 긴 삼각형 모양으로 자른다. 삼각형 반죽을 손으로 가볍게 잡아 늘린 다음 밑면에서부터 뾰족한 끝을 향하여 돌돌 말아 크루아상 모양으로 만든다.

14 • 크루아상 표면에 붓으로 고루 달걀물을 바른다. 28°C 스팀 오븐(습도 80%)에 넣거나 또는 전원을 끈 오븐에 끓는 물이 담긴 용기와 함께 넣은 상태에서 3시간 동안 발효시킨다. 부풀어오른 크루아상 반죽에 다시 한 번 달걀물을 발라준다. 180°C로 예열한 오븐에서 약 18~20분간 굽는다.

팽 오 쇼콜라(더블 초콜릿 크루아상)

Pains au chocolat

팽 오 쇼콜라 8개 분량

작업 시간
3시간

냉장
1시간

휴지
1시간

발효
3시간

보관
24시간

도구
스크레이퍼
주방용 붓
전동 스탠드 믹서
파티스리용 밀대
체

재료
초콜릿 크루아상 반죽 400g
(p.71 레시피 참조)
다크 초콜릿 스틱 16개

달걀물
달걀 50g
달걀노른자 50g
우유(전유) 50g

1 • 반죽을 4mm 두께로 민 다음 9 x 15cm 직사각형 8개로 재단한다. 각 반죽의 짧은 면 한쪽 끝에 초콜릿 스틱 한 개를 놓는다. 초콜릿을 감싸며 한 바퀴 말아준 다음 두 번째 스틱을 놓는다.

2 • 끝까지 말아준 다음 손바닥으로 살짝 눌러 반죽 끝 접합 부분이 밑면 가운데로 오도록 잘 고정시킨다.

3 • 표면에 붓으로 달걀물을 바른다. 28°C 스팀 오븐(습도 80%)에 넣거나 또는 전원을 끈 오븐에 끓는 물이 담긴 용기와 함께 넣은 상태에서 3시간 동안 발효시킨다. 부풀어오른 반죽에 다시 한 번 달걀물을 발라준다. 180°C로 예열한 오븐에서 약 18~20분간 굽는다.

팽 오 카카오(초콜릿 브레드)

Pain au cacao

빵 4개(각 250g) 분량

작업 시간
3시간 30분

발효
3시간 30분

조리
18분

보관
48시간

도구
반죽 커터
전동 스탠드 믹서

재료
밀가루
(farine de gruau) 500g
물 340g + 35g
소금 9g
제빵용 생 이스트 5g
무가당 코코아가루 35g
설탕 17g
다크 초콜릿칩 130g

1 • 전동 스탠드 믹서 볼에 밀가루와 물 340g을 넣고 도우훅을 느린 속도로 돌려 균일한 반죽이 될 때까지 섞는다.

2 • 젖은 면포를 덮어 1시간 동안 휴지시킨다. 이어서 소금과 이스트를 넣고 느린 속도로 3분간 더 돌려 매끈하고 균일한 반죽을 만든다.

3 • 이어서 속도를 5~6단계로 올려 탄력이 있는 쫀쫀한 반죽을 만든다.

4 • 나머지 물 35g과 코코아가루, 설탕을 넣어준다. 매끈하고 균일하게 혼합될 때까지 반죽한 다음 초콜릿칩을 넣고 재빨리 섞어준다.

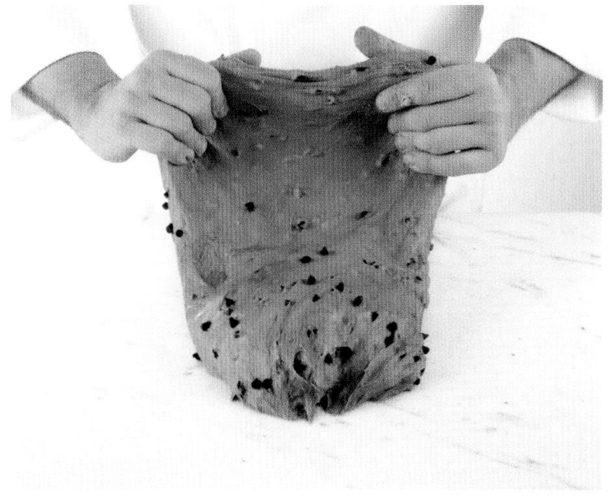

5 • 반죽을 면포로 덮은 뒤 약 30분간 발효시킨다. 부풀어오른 반죽을 작업대에 덜어낸 다음 손으로 펀칭해 공기를 빼준다.

6 • 반죽을 접어가며 둥글게 뭉친다.

7 • 반죽 커터나 스크레이퍼를 이용해 반죽을 각 250g 네 덩어리로 소분한다. 다시 30분간 발효시킨다. 부푼 반죽을 접어가며 원하는 모양으로 성형한다.

팽 오 카카오(계속)

Pain au cacao

8 • 24°C 스팀 오븐에 넣거나 또는 전원을 끈 오븐에 끓는 물이 담긴 용기와 함께 넣은 상태에서 45분~1시간 30분 동안 발효시킨다.

9 • 제빵용 면도날로 빵 반죽 중앙에 세로로 살짝 칼집을 내준다. 230~240°C로 예열한 오븐에서 15분간 굽는다.

초콜릿 브리오슈

Brioche au chocolat

브리오슈(각 240g) 5개 분량

작업 시간
2시간

냉장
2시간

휴지
1시간

발효
3시간

보관
48시간

도구
스크레이퍼
브리오슈 틀
(16 x 8.5cm, 높이 4cm)
주방용 붓
전동 스탠드 믹서
체

재료
밀가루(T65) 480g
코코아가루 20g
소금 12.5g
설탕 75g
제빵용 생 이스트 20g
달걀 300g
우유 25g
버터 200g
다크 초콜릿
(카카오 56%) 100g
초콜릿칩 200g

달걀물
달걀 50g
달걀노른자 50g
우유(전유) 50g

1 • 전동 스탠드 믹서 볼에 밀가루, 코코아가루, 소금, 설탕, 생이스트를 넣고 도우훅을 돌려 섞는다. 이어서 달걀을 넣고 반죽이 매끈해지고 믹싱볼 내벽에 더 이상 달라붙지 않을 때까지 혼합한다.

2 • 작게 잘라둔 차가운 버터를 두 번에 나누어 넣고 느린 속도로 반죽한다. 미리 50°C로 녹여둔 초콜릿을 넣는다. 초콜릿이 완전히 섞이고 혼합물이 믹싱볼 내벽에 더 이상 달라붙지 않을 때까지 반죽한다.

초콜릿 브리오슈(계속)

Brioche au chocolat

3 • 반죽을 작업대에 덜어낸 뒤 초콜릿칩을 넣고 섞어준다.

4 • 손으로 치대 반죽한 다음 상온에서 1시간 휴지시켜 매끈하고 균일한 반죽을 완성한다.

셰프의 조언

반죽 시에는 다음과 같은 이유로 기계를 느린 속도로 돌리는 것이 좋다.

- 버터가 천천히 녹아 반죽에 충분히 흡수된다.
- 반죽의 온도가 너무 높아지는 것을 막아준다.
- 반죽을 굽고 난 후 빵이 덜 건조해진다.

5 • 손으로 눌러 반죽을 납작하게 만든다.

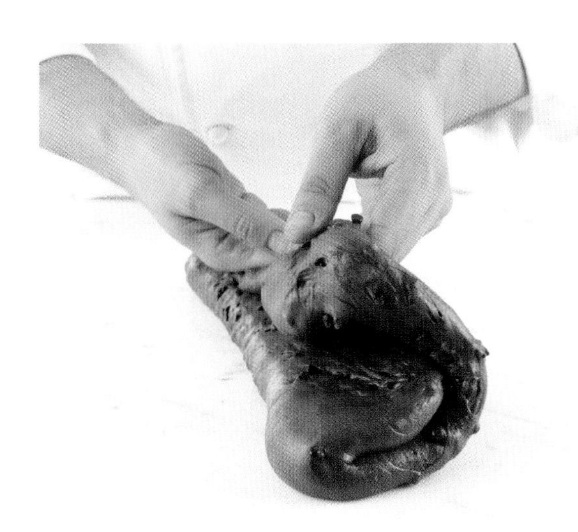

6 • 접어가며 펀칭하여 공기를 빼 준 다음 냉장고에 약 2시간 넣어 둔다.

7 • 반죽을 작은 공 모양으로 성형한 뒤 버터를 발라둔 틀 안에 한 켜로 넣는다. 달걀물을 바른 뒤 28°C 스팀 오븐(습도 80%)에 넣거나 또는 전원을 끈 오븐에 끓는 물이 담긴 용기와 함께 넣은 상태에서 3시간 동안 발효시킨다. 다시 한 번 달걀물을 바른 뒤 180°C로 예열한 오븐에서 18~20분 굽는다.

초콜릿 스트뢰젤

Streusel au chocolat

240g 분량

작업 시간
10분

냉장
30분

조리
10~12분

보관
냉장고에서 5일

도구
스크레이퍼
그릴망
체
실리콘 패드

재료
밀가루 40g
코코아가루 20g
버터 60g
아몬드가루 60g
비정제 황설탕 60g

1• 작업대 위에 밀가루와 코코아가루, 아몬드가루를 체에 쳐 놓는다. 여기에 깍뚝 썬 버터와 황설탕을 넣고 함께 손으로 비비듯 섞어 모래 질감으로 부슬부슬하게 만든다.

셰프의 조언

아몬드가루 대신 헤이즐넛, 호두,
피스타치오 가루 등을 사용해 변화를 주어도 좋다.
굽기 전에 소금(플뢰르 드 셀)을 조금 첨가해도 좋다.

2• 손바닥 끝으로 눌러 밀면서 부드럽게 혼합해 균일한 반죽을 만든다. 둥글게 뭉쳐 주방용 랩으로 싼 뒤 냉장고에 30분간 넣어둔다.

셰프의 조언

스트뢰젤은 타르트 또는 베린 등의 완성 재료나 데커레이션용으로 사용할 수 있다.

3 • 덩어리로 뭉친 반죽을 굵은 격자 그릴망에 대고 갈 듯이 부숴준다.

4 • 실리콘 패드를 깐 오븐팬에 잘게 부수어진 스트뢰젤 반죽을 펼쳐놓고 160°C로 예열한 오븐에서 10~12분간 굽는다.

초콜릿 봉봉

틀에 넣어 굳힌 초콜릿 봉봉

Bonbons moulés

작업 시간
1시간

굳히기
12시간

보관
1개월. 밀폐 용기에 넣어 서늘한 곳에 둔다.

도구
지름 3cm 반구형 실리콘 판형 틀 1장
초콜릿용 비닐 시트 (feuille guitare)
짤주머니
스크레이퍼

재료

데커레이션
식용 금가루 10g
키르슈(체리브랜디) 10g

초콜릿 셸
템퍼링한 다크, 밀크 또는 화이트 커버처 초콜릿 (p.28~32 테크닉 참조) 200g

필링
초콜릿 가나슈 (p.48 테크닉 참조) 300g

1 • 식용 금가루를 키르슈에 넣어 개어준다.

2 • 손가락으로 찍어 반구형 틀의 각 공간 바닥에 원형으로 발라 묻힌다. 잠시 그대로 두어 알코올 기를 날린다.

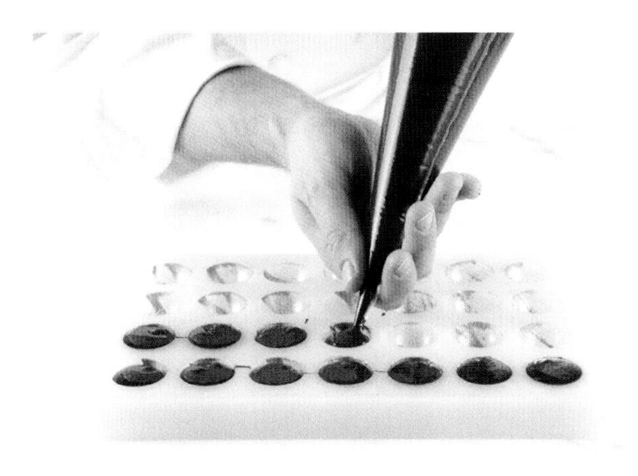

3 • 템퍼링한 초콜릿을 짤주머니로 반구형 틀의 각 공간에 채워 넣는다.

4 • 틀을 뒤집어 여분의 초콜릿을 흘려 내려 보낸다.

5 • 스크레이퍼로 틀 표면을 밀어 각 모양의 둘레를 깔끔하게 정리한다. 틀을 다시 뒤집어 최소 한 시간 동안 굳도록 둔다.

6 • 굳은 초콜릿 셸 안에 가나슈를 짤주머니로 짜 채운다. 완전히 가득 채우지 말고 표면에서 2mm 정도 남겨둔다. 12시간 동안 굳힌다.

틀에 넣어 굳힌 초콜릿 봉봉(계속)

Bonbons moulés

7 • 템퍼링한 초콜릿(초콜릿 셸과 동일한 것)을 그 위에 짜 덮어 봉봉을 마무리한다.

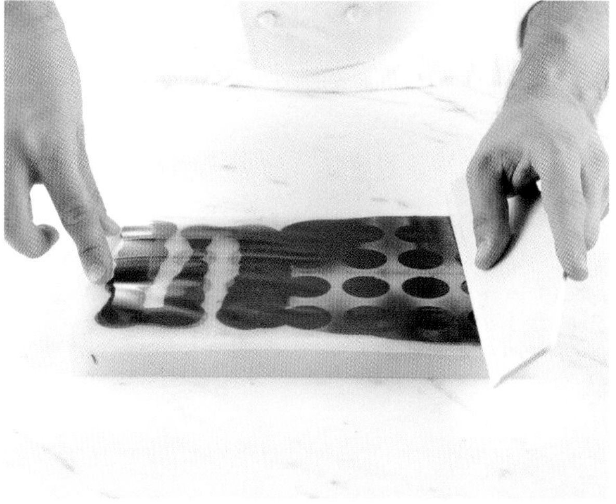

8 • 초콜릿용 비닐 시트를 그 위에 한 장 놓고 넓은 스크레이퍼로 밀어준다.

9 • 냉장고에 15분 정도 넣어 굳힌 뒤 틀에서 분리한다.

프레임을 이용한 초콜릿 봉봉

Bonbons cadrés

작업 시간
1시간

굳히기
12시간

보관
15°C에서 1개월

도구
사방 16cm, 높이 1cm
정사각형 프레임
초콜릿용 전사지
L자 스패출러

재료

필링
크리스피 프랄리네
(pralinés feuilletine)
(p.106 레시피 참조)

샤블롱(Chablon)
초콜릿 베이스
템퍼링한 다크, 밀크 또는
화이트 커버처 초콜릿 80g
(p.28~32 테크닉 참조)

1 • 볼에 프랄리네 페이스트, 녹인 초콜릿, 녹인 카카오버터를 넣는다.

2 • 알뜰주걱으로 잘 저어 섞는다.

프레임을 이용한 초콜릿 봉봉(계속)

Bonbons cadrés

3 • 크리스피 푀유틴(feuilletine)을 넣고 살살 섞어준다.

4 • 40°C로 녹인 초콜릿을 초콜릿용 비닐 시트(전사지) 위에 부어 초콜릿 봉봉 베이스(chablon)를 만든다. 이 베이스가 있어야 봉봉을 손상시키지 않고 다루기 편하다.

5 • L자 스패출러를 이용해 초콜릿을 전사지 전체에 고루 펼쳐 준다.

6 • 그 위에 정사각형 프레임을 놓고 살짝 눌러준다.

셰프의 조언

• 샤블롱 초콜릿 베이스는 완전히 굳히지 않아야 쉽게 자를 수 있다.
• 초콜릿을 자른 다음에는 더 잘 굳을 수 있도록 하나씩 떼어놓는다.

7 • 크리스피 프랄리네를 붓고 고르게 펼쳐놓는다. 16°C에서 12시간 동안 굳힌다.

8 • 프레임을 제거한 뒤 초콜릿용 기타줄 커터에 놓고 원하는 사이즈로 자른다. 또는 칼을 사용해 자른다.

초콜릿 봉봉 코팅하기

Trempage (ou enrobage)

작업 시간
30분

굳히기
20분

보관
15°C에서 2주

도구
초콜릿용 디핑포크

재료
템퍼링한 다크, 밀크 또는 화이트 커버처 초콜릿
(p.28~32 테크닉 참조)

1 • 초콜릿을 템퍼링한다. 디핑포크를 이용해 초콜릿 봉봉을 템퍼링한 초콜릿에 담근다.

셰프의 조언

초콜릿 봉봉을 코팅할 때 디핑포크에 붙지 않도록 하려면 준비해둔 초콜릿 봉봉 바닥에 샤블롱 베이스 작업이 잘 되어 있어야 한다.

2 • 템퍼링한 초콜릿을 완전히 코팅한 뒤 디핑포크로 꺼낸다.

3 • 디핑포크를 볼 가장자리에 대고 긁어 여분의 초콜릿을 제거한 다음 유산지 위에 코팅된 초콜릿 봉봉을 하나씩 놓는다.

4 • 디핑포크를 봉봉 위에 살짝 찍어 자국을 내는 등 원하는 모양의 데커레이션을 한다.

트러플 초콜릿 봉봉

Truffes

트러플 봉봉 30개 분량

작업 시간
45분

굳히기
2시간

보관
밀폐 용기에 넣어서 2주

도구
거품기
초콜릿용 디핑포크
체
주방용 전자 온도계

재료

가나슈
액상 생크림
(유지방 35%) 100g
바닐라 빈 1/2줄기
꿀 8g
다크 커버처 초콜릿
(카카오 70%) 100g
버터 35g
무가당 코코아가루 75g

초콜릿 코팅
다크 커버처 초콜릿
(카카오 58%) 100g
(p.94 테크닉 참조)

1 • 소스팬에 생크림과 길게 갈라 긁은 바닐라 빈을 넣고 중불로 가열한다. 끓으면 바로 불에서 내린 뒤 약 30분간 향을 우려낸다. 꿀을 넣고 다시 끓을 때까지 가열한다.

2 • 잘게 다진 초콜릿 위에 뜨거운 생크림을 체에 거르며 붓는다. 거품기로 살살 섞어 매끈한 가나슈를 만든다.

3 • 가나슈가 30°C까지 식은 뒤 상온의 부드러운 버터를 넣어 섞는다. 유산지를 깐 베이킹팬 위에 쏟아놓고 1시간 정도 식혀 굳힌다.

셰프의 조언

초콜릿 코팅을 두 겹으로 씌우고자 할 때는 우선 템퍼링한 초콜릿을 한 켜 입혀 굳힌 다음
과정 5의 코팅 작업을 한 번 더 해준다. 이어서 카카오가루에 굴린다.

4 • 사방 3cm 정사각형으로 자른 다음 손으로 굴려 작은 공 모양을 만든다.

5 • 디핑포크를 사용하거나 또는 손으로 공 모양 가나슈를 템퍼링한 다크 초콜릿에 담가 고루 코팅한다.

6 • 초콜릿 코팅을 씌운 뒤 바로 코코아가루에 놓고 디핑포크로 굴려 고루 묻힌다. 1시간 정도 굳힌 다음 체에 올려 여분의 코코아가루를 살살 털어낸다.

초콜릿 코팅 캐러멜라이즈드 아몬드, 헤이즐넛

Amandes et noisettes caramélisées au chocolat

1kg 분량

작업 시간
50분

조리
15분

보관
밀폐 용기에 넣어서 3주

도구
구리 냄비
체
시럽용 온도계

재료
속껍질을 벗긴 아몬드 150g
속껍질을 벗긴 헤이즐넛 150g
설탕 200g
물 70g
버터 10g
밀크 커버처 초콜릿 100g
다크 커버처 초콜릿
(카카오 58%) 400g
무가당 코코아가루 50g

1 • 논스틱 오븐팬에 아몬드와 헤이즐넛을 한 켜로 펼쳐놓는다. 160°C로 예열한 오븐에 넣어 노릇한 색이 날 때까지 약 15분간 로스팅한다.

2 • 구리 냄비에 물과 설탕을 넣고 117°C까지 끓여 시럽을 만든다. 로스팅한 아몬드와 헤이즐넛을 넣고 설탕이 굳으며 모래처럼 부슬부슬한 상태가 되도록 주걱으로 잘 섞어준다.

3 • 중불로 가열해 견과류가 부분적으로 캐러멜라이즈되면 버터를 넣고 잘 섞어준다.

셰프의 조언

• 견과류가 어느 정도 캐러멜라이즈되어야 다시 눅눅해지는 것을 막을 수 있다.
• 템퍼링한 초콜릿을 첨가할 때는 소량씩 여러 번에 나누어 해주어야 너트의 원래 모양을 그대로 살릴 수 있다.

4 • 작업대에 쏟아 하나씩 떼어놓는다. 식으면 큰 볼에 옮겨담는다.

5 • 밀크 초콜릿을 템퍼링한다(p.28~32 테크닉 참조). 초콜릿을 견과류에 붓고 고루 코팅되도록 잘 섞어준다. 2분 정도 두어 굳힌다.

6 • 이어서 템퍼링한 다크 초콜릿을 두 번에 걸쳐 코팅해준다. 잘 저으며 초콜릿을 한 번 입혀주고 2분간 두어 굳힌 다음 두 번째로 코팅해준다.

7 • 코코아가루 분량의 반을 넣고 고루 묻도록 잘 섞어준다. 2분간 굳힌 다음 나머지 코코아가루를 넣는다.

셰프의 조언

마지막 초콜릿 코팅이 완전히 굳기 전에 첫 번째 코코아가루를 입혀준다.
반대로 두 번째 코코아가루 코팅은 완전히 굳은 뒤 입혀준다.

8 • 코코아가루 코팅이 완전히 굳은 다음 체에 놓고 여분의 가루를 털어낸다. 봉투나 박스, 밀폐 용기 등에 넣어 보관한다.

로셰

Rochers

로셰 40개 분량

작업 시간
45분

굳히기
2시간

냉장
1시간 20분

보관
밀폐 용기에 넣어서 1개월

도구
초콜릿용 디핑포크
주방용 전자 온도계

재료
다진 아몬드 75g
설탕 10g
다크 커버처 초콜릿
(카카오 58%) 60g
프랄리네 페이스트 180g
(p.106 레시피 참조)

초콜릿 코팅
다크 커버처 초콜릿
(카카오 58%) 150g
(p.94 테크닉 참조)

1 • 소스팬에 아몬드와 설탕을 넣고 중불로 가열해 캐러멜라이즈한다. 유산지 위에 넓게 펼쳐놓고 식힌다.

2 • 볼에 초콜릿을 넣고 중탕으로 30°C까지 녹인 다음 프랄리네 페이스트와 섞는다. 베이킹 팬에 덜어 펼쳐놓은 다음 랩을 밀착시켜 덮고 냉장고에 넣어 약 1시간 정도 식혀 굳힌다.

3 • 굳은 초콜릿 혼합물을 작업대에 덜어내 매끈하고 균일하게 뭉쳐질 때까지 손으로 반죽한다.

4 • 혼합물을 각 150g씩 소분한 뒤 길게 늘여 가래떡 모양(길이 약 20cm)으로 만든다. 약 1.5cm 두께로 잘라준다(한 조각당 8~10g). 양 손바닥으로 굴려 작은 공 모양으로 만든다. 냉장고에 20분간 넣어둔다.

5 • 코팅용 커버처 초콜릿을 템퍼링한다. 완전히 식은 캐러멜라이즈드 아몬드를 넣고 섞는다.

6 • 디핑포크를 이용하거나 손으로 공 모양의 초콜릿을 코팅 혼합물에 완전히 담가 고루 묻힌다. 유산지 위에 올려놓고 약 2시간 동안 굳힌다.

팔레 오르

Palets or

30개 분량

작업 시간
45분

굳히기
2시간

보관
밀폐 용기에 넣어서 2주

도구
초콜릿용 투명 전사지
(feuille de Rhodoïd)
초콜릿용 디핑포크
짤주머니 + 지름 12mm
원형 깍지
주방용 전자 온도계

재료

가나슈
액상 생크림(유지방 35%)
100g
바닐라 빈 1줄기
꿀 10g
다크 커버처 초콜릿
(카카오 58%) 90g
다크 초콜릿
(카카오 50%) 100g
버터 40g

초콜릿 코팅
다크 커버처 초콜릿
(카카오 58%) 500g

데커레이션
식용 금박

1 • 소스팬에 생크림과 꿀, 길게 갈라 긁은 바닐라 빈을 넣고 중불로 가열한다. 끓으면 바로 불에서 내린 뒤 약 30분 정도 향을 우려낸다.

2 • 커버처 초콜릿과 다크 초콜릿을 중탕으로 35°C까지 녹인다. 향이 우러난 생크림을 다시 데운 뒤 체에 걸러 초콜릿에 붓고 주걱으로 잘 섞어 매끈한 가나슈를 만든다

3 • 가나슈가 30°C까지 식으면 깍둑 썬 상온의 버터를 넣고 매끈한 질감이 될 때까지 주걱으로 잘 저어 혼합한다.

셰프의 조언

이 가나슈는 불안정하여 분리되기 쉬우니
너무 오래 저어 섞지 않도록 주의한다.

4 • 원형 깍지를 끼운 짤주머니에 가나슈를 넣고 유산지 위에 동그란 모양으로 짜놓는다.

5 • 초콜릿용 투명 전사지를 한 장 덮어준 다음 베이킹 팬으로 살짝 눌러준다. 약 1시간 정도 식혀 굳힌다.

6 • 가나슈가 굳으면 디핑포크를 사용하여 템퍼링한 커버처 초콜릿(p.28~32 테크닉 참조)에 담가 고르게 코팅한다.

7 • 유산지를 깐 베이킹 팬 위에 놓고 1시간 정도 굳힌다. 식용 금박을 조금 얹어 장식한다.

크리스피 프랄린 초콜릿

Pralinés feuilletine

30개 분량

작업 시간
1시간

조리
5~10분

굳히기
1시간

보관
밀폐 용기에 넣어서 2주.
서늘한 곳(최대 17°C)에 둔다.

도구
사방 26cm, 높이 1cm
정사각형 프레임
디핑포크
주방용 전자 온도계

재료
카카오 버터 25g
밀크 커버처 초콜릿 25g
프랄리네 페이스트 250g
크리스피 푀유틴
(feuilletine) 50g

초콜릿 코팅
다크 커버처 초콜릿
(카카오 58%) 300g

1 • 소스팬에 카카오 버터와 밀크 커버처 초콜릿을 넣고 약불로 가열해 녹인다. 불에서 내린 뒤 프랄리네 페이스트와 크리스피 푀유틴을 넣어준다.

2 • 혼합물이 20°C로 식을 때까지 알뜰주걱으로 살살 섞는다.

3 • 유산지를 깐 베이킹 팬 위에 정사각형 프레임을 놓고 혼합물을 부어 채운다. 스패출러로 밀어 표면을 매끈하게 만든다.

셰프의 조언

프랄린 초콜릿이 식으면 너무 오랜 시간 굳히지 말고
바로 커팅해야 절단면이 깔끔하게 나온다.

4 • 식으면 프레임을 제거한 뒤 원하는 모양과 크기로 자른다.

5 • 코팅용 커버처 초콜릿을 템퍼링한다(p.28~32 테크닉 참조). 디핑포크를 사용해 프랄린을 초콜릿에 담가 고르게 코팅한다. 여분의 초콜릿은 흘려 내려 보낸다.

6 • 유산지를 깐 베이킹 팬에 초콜릿을 올려놓고 디핑포크로 살짝 눌러 표면에 줄무늬 자국을 내준다. 약 1시간 동안 굳힌다.

잔두야

Gianduja

30개 분량

작업 시간
45분

냉장
1시간

굳히기
1시간

보관
밀폐 용기에 넣어서 2주.
냉장고에 넣어둔다.

도구
초콜릿용 투명 전사지
(feuille de Rhodoïd)
거품기
짤주머니 + 지름 8mm
별모양 깍지
주방용 전자 온도계

재료
잔두야 초콜릿 250g
구운 헤이즐넛 30개

초콜릿 받침
다크 커버처 초콜릿
(카카오 58%) 150g

1 • 깍둑 썬 잔두야 초콜릿을 볼에 넣고 중탕으로 45°C까지 녹인다.

2 • 불에서 내린 뒤 포마드 상태의 버터처럼 크리미한 질감이 될 때까지 식힌다.

3 • 별모양 깍지를 끼운 짤주머니에 채워 넣은 다음 초콜릿용 투명 전사지 위에 지름 3cm 크기의 꽃모양으로 짜놓는다.

4 • 헤이즐넛을 한 알씩 올린 다음 냉장고에 1시간 정도 넣어둔다.

5 • 받침용 다크 커버처 초콜릿을 템퍼링(p.28~32 테크닉 참조) 한 다음 깍지 없는 짤주머니에 채워 넣고 끝을 조금 잘라준다. 투명 전사지 위에 꽃모양 잔두야 초콜릿보다 조금 작은 크기로 동그랗게 짜놓는다.

6 • 그 위에 잔두야 초콜릿을 얹고 살짝 눌러 비슷한 크기로 퍼지게 만든다. 1시간 동안 굳힌 다음 조심스럽게 전사지에서 떼어낸다.

데커레이션

초콜릿 시가레트

Cigarettes en chocolat

20~30개 분량

작업 시간
10분

보관
밀폐 용기에 넣어서 2주.
서늘한 곳(최대 20°C)에 둔다.

도구
삼각 스크레이퍼(대, 소)
L자 스패출러

재료
템퍼링한 초콜릿
(p.28~32 테크닉 참조)

1 • 템퍼링한 초콜릿을 대리석 작업대에 붓고 L자 스패출러를 사용하여 2~3mm 두께로 얇고 고르게 밀어 편다. 너무 단단하지 않을 정도로 살짝 굳힌다.

2 • 작은 삼각 스크레이퍼로 초콜릿의 양쪽 가장자리를 긁어내 깔끔한 직사각형 모양을 만든다.

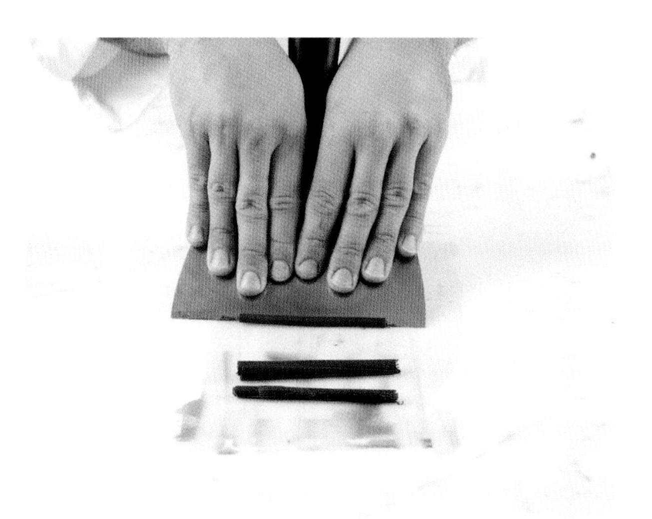

3 • 큰 사이즈의 삼각 스크레이퍼로 긁어 밀어 가늘게 돌돌 말린 시가레트 모양을 만든다.

초콜릿 프릴

Éventails en chocolat

20~30개 분량

작업 시간
10분

보관
밀폐 용기에 넣어서 2주.
서늘한 곳(최대 20°C)에 둔다.

도구
L자 스패출러
삼각 스크레이퍼

재료
템퍼링한 초콜릿
(p.28~32 테크닉 참조)

1 • 템퍼링한 초콜릿을 대리석 작업대에 붓고 L자 스패출러를 사용하여2~3mm 두께로 얇고 고르게 밀어 편다. 너무 단단하지 않을 정도로 살짝 굳힌다. 작은 삼각 스크레이퍼로 가장자리를 긁어내 깔끔한 직사각형 모양으로 만든다.

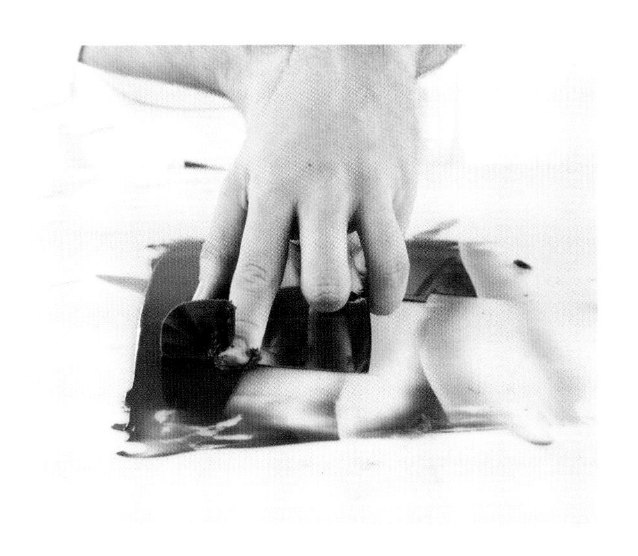

2 • 검지로 스크레이퍼 끝 모서리를 누르며 앞으로 밀어 주름 잡힌 부채꼴로 초콜릿을 잘라낸다. 초콜릿을 모두 사용하여 이 과정을 반복한다.

초콜릿 컬 셰이빙

Copeaux de chocolat

작업 시간
15분

보관
밀폐 용기에 넣어서 2주.
서늘한 곳(최대 20°C)에 둔다.

도구
셰프나이프
L자 스패출러

재료
템퍼링한 초콜릿
(p.28~32 테크닉 참조)

1 • 템퍼링한 초콜릿을 대리석 작업대에 붓는다.

2 • L자 스패출러를 사용하여 2~3mm 두께로 얇고 고르게 밀어 편다. 너무 단단하지 않을 정도로 살짝 굳힌다.

3 • 칼끝을 사용하여 사선으로 동일한 폭의 띠 모양 자국을 낸다.

4 • 칼날 끝을 눕힌 상태로 재빨리 초콜릿을 아래에서 위로 말아 주며 긁어낸다.

5 • 누르는 강도나 긁어내는 동작의 속도에 따라 각각 다른 모양과 두께의 초콜릿 컬 셰이빙을 만들 수 있다.

초콜릿 전사지 사용하기

Feuille de transfert chocolat

1장 분량

작업 시간
15분

보관
밀폐 용기에 넣어서 2주.
서늘한 곳(최대 20°C)에 둔다.

도구
원하는 무늬가 프린트 된
초콜릿용 전사지(30 x 40cm)
1장
L자 스패출러

재료
템퍼링한 초콜릿 100g
(p.28~32 테크닉 참조)

1 • 작업대 위에 전사지의 프린트 된 면이 위로 오도록 놓고, 그 위에 템퍼링한 초콜릿을 천천히 붓는다.

2 • L자 스패출러를 사용하여 2~3mm 두께로 얇고 고르게 밀어 펴 전사지를 완전히 덮는다.

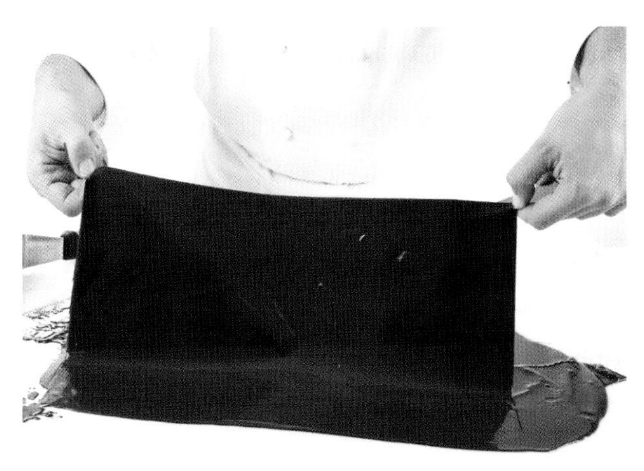

3 • 초콜릿을 덮은 전사지를 깨끗한 곳으로 조심스럽게 옮겨놓은 뒤 너무 단단하지 않을 정도로 굳힌다.

4 • 자와 나이프, 또는 쿠키 커터 등을 사용하여 원하는 모양으로 금을 그어놓는다. 완전히 굳을 때까지 그대로 둔다.

5 • 뒤집은 다음 조심스럽게 전사지를 떼어낸다.

6 • 잘라둔 모양대로 조심스럽게 분리하며 떼어낸다.

초콜릿 띠 모양 장식

Ruban de masquage en chocolat

작업 시간
40분

굳히기
1시간

보관
밀폐 용기에 넣어서 2주.

도구
초콜릿용 비닐 시트
L자 스패출러
주방용 붓
스텐 자

재료
템퍼링한 다크, 밀크 또는 화이트 커버처 초콜릿
(p.28~32 테크닉 참조)

1 • 템퍼링한 초콜릿을 비닐 시트 위에 부은 뒤 L자 스패출러를 사용하여 2~3mm 두께로 얇고 고르게 밀어 편다.

셰프의 조언

• 이 띠 모양 초콜릿은 각종 케이크 등을 아름답게 장식하는 용도로 사용된다. 원하는 용도에 따라 폭과 사이즈를 알맞게 조절하여 사용한다.

• 원통형 봉에 감아 모양을 만들 때 초콜릿이 어느 정도 말랑한 상태를 유지하도록 한다.

2 • 시트를 조심스럽게 들어낸 뒤 초콜릿이 묻은 면이 위로 오도록 하여 깨끗한 곳으로 조심스럽게 옮겨놓는다. 너무 단단하지 않을 정도로 살짝 굳힌다.

3 • 가장자리를 다듬어 잘라내 깔끔하고 똑바른 선의 직사각형을 만든다.

4 • 초콜릿이 굳기 전 아직 말랑한 상태에서 자와 나이프를 사용해 원하는 폭으로 금을 그어 표시해둔다.

5 • 같은 사이즈의 유산지를 초콜릿 위에 덮어준다.

6 • 초콜릿 시트를 원하는 사이즈의 원통형 봉이나 pvc 파이프 등에 말아 감은 뒤 랩으로 전체를 잘 싸준다. 상온에서 최소 1시간 동안 굳힌다.

초콜릿 띠 모양 장식(계속)

Ruban de masquage en chocolat

7 • 랩을 벗겨낸 뒤 조심스럽게 유산지와 비닐 시트를 떼어낸다.

8 • 칼로 표시해놓은 금을 따라 조심스럽게 초콜릿 띠를 분리한다.

초콜릿 레이스 장식

Dentelles de chocolat

작업 시간
30분

굳히기
20분

보관
밀폐 용기에 넣어서 4일

도구
주방용 붓
짤주머니
체

재료
무가당 코코아가루
템퍼링한 다크, 밀크 또는 화이트 커버처 초콜릿
(p.28~32 테크닉 참조)

1 • 깨끗한 베이킹 시트 위에 코코아가루를 체로 쳐 약 2mm 두께로 한 켜 깔아준다.

2 • 템퍼링한 초콜릿을 짤주머니에 채워 넣는다. 끝을 아주 조금 잘라낸 다음 코코아가루 위에 나선형, 잔가지 무늬 등 원하는 레이스 문양을 짜놓는다. 굳을 때까지 그대로 둔다.

3 • 굳은 초콜릿 레이스 장식을 조심스럽게 들어낸 다음 붓으로 여분의 코코아가루를 털어준다.

초콜릿 튀일

Pastilles en chocolat

작업 시간
30분

굳히기
40분

보관
밀폐 용기에 넣어서 4일

도구
초콜릿용 비닐 시트
튈 모양 반 원통형 틀
짤주머니

재료
템퍼링한 다크, 밀크 또는 화이트 커버처 초콜릿
(p.28~32 테크닉 참조)

1 • 템퍼링한 초콜릿을 짤주머니에 채워 넣는다. 끝을 조금 잘라낸 뒤 비닐 시트 윗부분에 넉넉히 간격을 두고 조금씩 짜놓는다.

2 • 비닐 시트를 아래에서 위로 반으로 접어 덮어준다.

3 • 바닥이 납작한 작은 유리컵을 이용해 초콜릿을 살짝 눌러 원하는 크기의 납작한 원형을 만든다. 살짝 굳힌다.

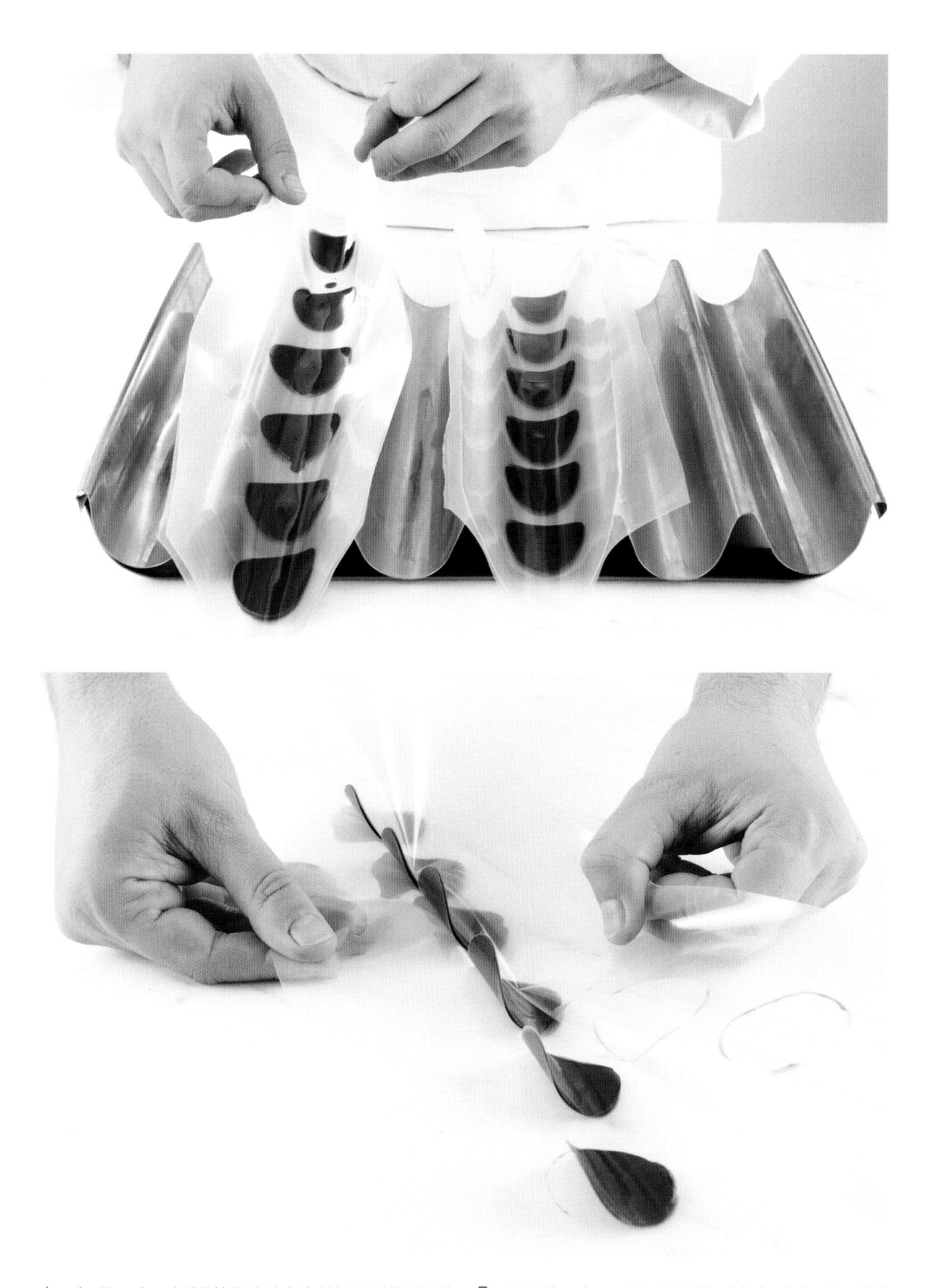

4 • 시트를 그대로 반 원통형 틀에 넣어 납작한 초콜릿을 둥글게 구부린다. 냉장고에 30분간 넣어 굳힌다.

5 • 둥근 튈 모양으로 굳은 초콜릿을 비닐 시트에서 조심스럽게 떼어낸다.

깃털 모양 초콜릿

Plumes en chocolat

작업 시간
30분

굳히기
20분

보관
밀폐 용기에 넣어서 4일

도구
8cm 폭으로 자른 초콜릿용
비닐 시트
페어링 나이프(작은 과도)
튈 모양 반 원통형 틀
주방용 붓

재료
템퍼링한 다크, 밀크 또는
화이트 커버처 초콜릿
(p.28~32 테크닉 참조)

1 • 템퍼링한 초콜릿에 칼날 끝을 담갔다 빼 비닐 시트 띠 위에 닦듯이 문질러놓는다.

2 • 마치 시계추의 움직임처럼 원형을 그리며 칼을 들어 빼 올린다.

3 • 간격을 두고 이 작업을 반복하여 채운 다음 시트를 반 원통형 틀에 넣어 납작한 초콜릿을 둥글게 구부린다. 굳도록 그대로 둔다.

4 • 굳은 초콜릿을 비닐 시트에서 조심스럽게 떼어낸다.

5 • 따뜻하게 달군 칼날로 초콜릿 가장자리에 살짝 칼집을 넣어 깃털 모양을 정교하게 살린다.

코르네 만들기

Cornet

코르네 1개 분량

작업 시간
5분

도구
유산지

재료
템퍼링한 다크, 밀크 또는 화이트 커버처 초콜릿
(p.28~32 테크닉 참조)

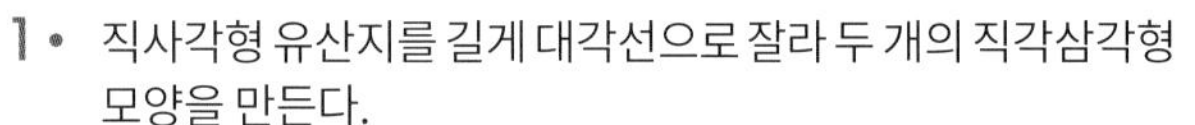

1 • 직사각형 유산지를 길게 대각선으로 잘라 두 개의 직각삼각형 모양을 만든다.

2 • 삼각형의 가장 긴 변의 중간을 손으로 잡고, 다른 한 손으로 한쪽 끝을 꼭짓점 방향으로 접으며 콘 모양을 만든다.

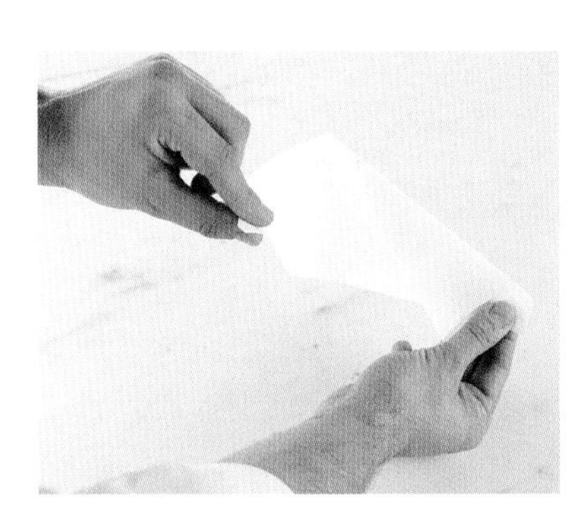

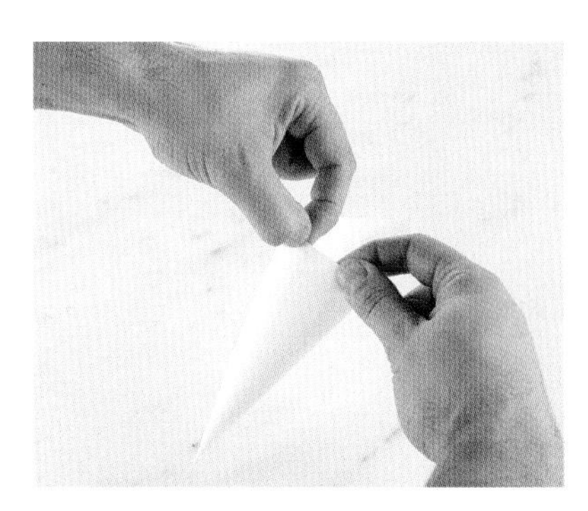

3 • 다른 한쪽 끝을 잡아당겨 콘의 뾰족한 부분이 단단하게 고정되게 해준다.

4 • 튀어나온 부분은 안쪽으로 접어 넣는다.

5 • 잘 접어 눌러 고정시키고 풀리지 않도록 단단히 마무리한다.

셰프의 조언

초콜릿 스프레드(p.60~62 레시피 참조)를 코르네에 채워 넣어 데커레이션용으로 사용해도 좋다.

6 • 템퍼링한 초콜릿을 코르네의 1/3 정도까지 채운다.

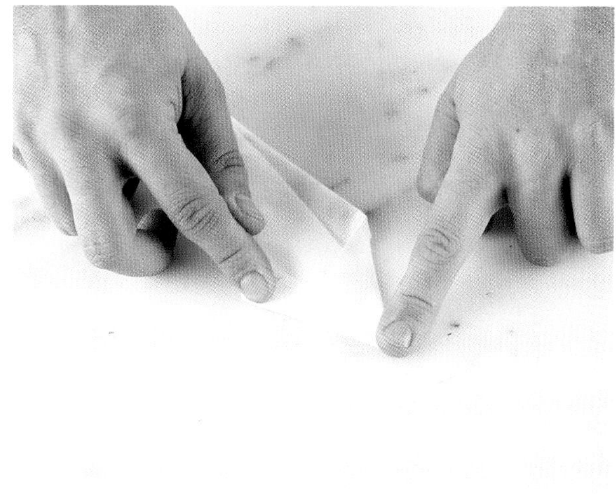

7 • 코르네의 위쪽 입구를 모아 대각선으로 접어준다.

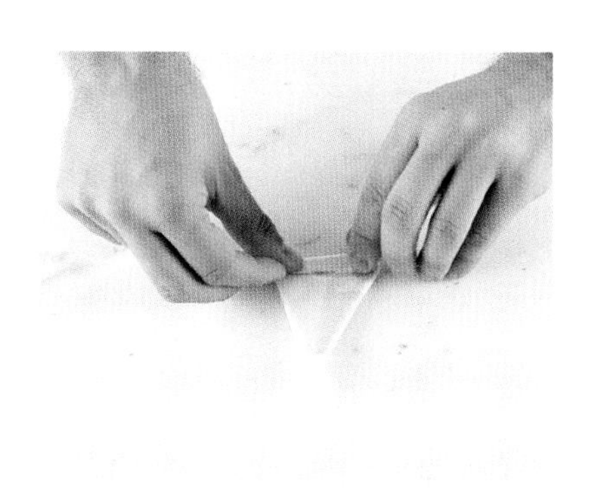

8 • 코르네를 뒤집어 바닥에 놓고 초콜릿이 채워진 부분까지 입구 끝을 꼼꼼히 말아준다.

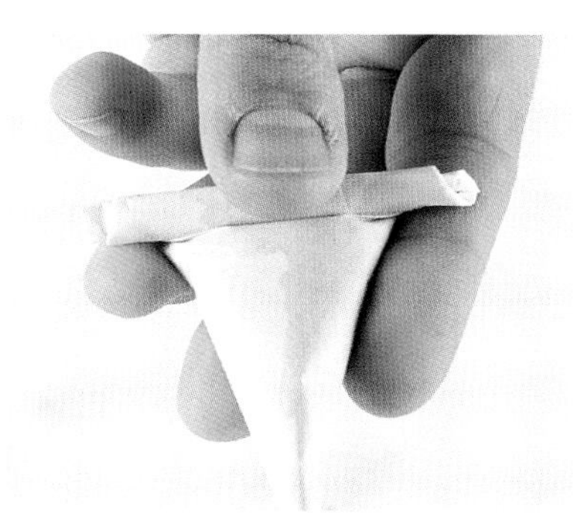

9 • 사용 준비를 마친 상태의 코르네. 원하는 굵기에 맞춰 코르네 팁 부분을 잘라준다.

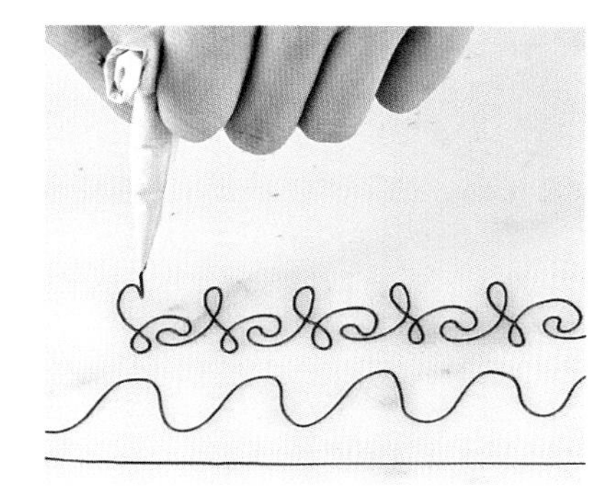

10 • 코르네를 사용하여 직선, 곡선, 레터링, 테두리 장식, 무늬 넣기 등 다양한 데커레이션 작업을 할 수 있다.

레시피

LES RECETTES

초콜릿 봉봉

카푸치노

CAPPUCCINO

초콜릿 봉봉 56개분

작업 시간
1시간

굳히기
12시간

보관
밀폐 용기에 넣어
16~18°C에서 1개월

도구
핸드블렌더
주방용 붓
지름 3cm 반구형
실리콘 판형 틀 2개
짤주머니
삼각 스크레이퍼
주방용 전자 온도계

재료

초콜릿 셸
밀크 초콜릿
(카카오 40%) 200g
카카오버터(블랙) 50g

카푸치노 가나슈
액상 생크림
(유지방 35%) 160g
전화당 40g
커피 원두 20g
인스턴트 커피 6g
밀크 커버처 초콜릿
400g
버터 65g

초콜릿 셸 COQUES EN CHOCOLAT

초콜릿을 템퍼링한다(p.28~32 테크닉 참조). 카카오버터를 가열해 30°C로 녹인다. 붓을 이용해 녹인 카카오버터를 틀의 각 둥근 공간에 흩뿌려 보기 좋게 무늬를 낸다. 몇 분간 굳힌 뒤 그 위에 템퍼링한 초콜릿을 흘려 넣어 봉봉 셸을 만든다(p.88 테크닉 참조). 남은 초콜릿은 봉봉 마무리용으로 보관한다.

카푸치노 가나슈 GANACHE CAPPUCCINO

소스팬에 생크림, 전화당, 굵게 간 커피 원두, 인스턴트 커피를 넣고 끓을 때까지 가열한다. 불에서 내리고 5분간 향이 우러나도록 둔다. 체에 거르고 다시 뜨겁게 끓인 뒤 작게 잘라둔 커버처 초콜릿 위에 붓는다. 거품기로 저어 균일하고 매끈한 가나슈를 만든다. 가나슈의 온도가 35~40°C까지 떨어지면 버터를 넣고 핸드블렌더로 갈아 혼합한다. 28°C까지 식도록 둔다. 가나슈를 짤주머니에 넣고 끝을 조금 잘라낸 다음 초콜릿 셸 안에 1.5mm를 남기고 채워 넣는다. 12시간 동안 굳힌다.

완성하기 FINITIONS

가나슈가 굳으면 템퍼링한 초콜릿(셸과 동일한 것)을 그 위에 짜 덮어 봉봉을 마무리한다. 삼각 스크레이퍼로 밀어 여분의 초콜릿을 제거한다. 굳힌 뒤 틀에서 분리한다.

그린 티

THÉ VERT

초콜릿 봉봉 56개분

작업 시간
1시간

굳히기
12시간

보관
밀폐 용기에 넣어
16~18°C에서 1개월

도구
체망
핸드블렌더
주방용 붓
짤주머니
삼각 스크레이퍼
주방용 전자 온도계
지름 3cm 반구형
판형 틀 2개(깨끗하게
닦아 준비한다)

재료

초콜릿 셸
다크 초콜릿
(카카오 56%) 100g
카카오버터(블랙) 50g
카카오버터(그린) 50g

그린 티 가나슈
액상 생크림
(유지방 35%) 520g
녹차 28g
전화당 100g
다크 커버처 초콜릿
(카카오 64%) 550g
버터 110g

초콜릿 셸 COQUES EN CHOCOLAT

초콜릿을 템퍼링한다(p.28~32 테크닉 참조). 두 가지 색의 카카오버터를 각각 45°C까지 가열해 녹인다. 다시 28°C까지 식힌다. 붓을 이용해 녹인 카카오버터를 틀의 각 둥근 공간에 불규칙하면서도 조화롭게 무늬를 내 발라준다. 몇 분간 굳힌 뒤 그 위에 템퍼링한 초콜릿을 흘려 넣어 봉봉 셸을 만든다(p.88 테크닉 참조). 남은 초콜릿은 봉봉 마무리용으로 보관한다.

그린 티 가나슈 GANACHE AU THÉ VERT

소스팬에 생크림을 넣고 뜨겁게 데운다. 불에서 내린 뒤 녹차를 넣고 15분간 우려낸다. 체에 거른다. 전화당을 넣고 다시 생크림을 50°C까지 가열한 다음 작게 잘라둔 초콜릿 위에 붓는다. 거품기로 저어 균일하고 매끈한 가나슈를 만든다. 가나슈의 온도가 35~40°C까지 떨어지면 버터를 넣고 핸드블렌더로 갈아 혼합한다. 28°C까지 식도록 둔다. 가나슈를 짤주머니에 넣고 끝을 조금 잘라낸 다음 초콜릿 셸 안에 1.5mm를 남기고 채워 넣는다. 12시간 동안 굳힌다.

완성하기 FINITIONS

가나슈가 굳으면 템퍼링한 초콜릿(셸과 동일한 것)을 그 위에 짜 덮어 봉봉을 마무리한다. 삼각 스크레이퍼로 밀어 여분의 초콜릿을 제거한다. 굳힌 뒤 틀에서 분리한다.

재스민
JASMIN

초콜릿 봉봉 56개분

작업 시간
1시간

굳히기
12시간

보관
밀폐 용기에 넣어
16~18°C에서 1개월

도구
지름 3cm 반구형
판형 틀 2개(깨끗하게
닦아 준비한다)
체망
핸드블렌더
짤주머니
삼각 스크레이퍼
주방용 전자 온도계

재료

초콜릿 셸
다크 초콜릿
(카카오 56%) 200g
식용 펄 파우더 10g
키르슈(kirsch) 10g

재스민 가나슈
액상 생크림
(유지방 35%) 520g
재스민 티 20g
전화당 60g
소르비톨 가루 30g
다크 커버처 초콜릿
(카카오 66%) 210g
밀크 커버처 초콜릿
(카카오 40%) 170g
버터 150g
재스민 에센스 1g

초콜릿 셸 COQUES EN CHOCOLAT
초콜릿을 템퍼링한다(p.28~32 테크닉 참조). 펄 파우더를 키르슈에 넣고 잘 개어준다. 이것을 손가락으로 찍어 초콜릿 틀의 각 둥근 공간에 원형으로 발라 묻힌 뒤 알코올이 날아가도록 잠시 둔다. 그 위에 템퍼링한 초콜릿을 흘려 넣어 봉봉 셸을 만든다(p.88 테크닉 참조). 남은 초콜릿은 봉봉 마무리용으로 보관한다.

재스민 가나슈 GANACHE AU JASMIN
소스팬에 생크림을 넣고 뜨겁게 데운다. 불에서 내린 뒤 재스민 티를 넣고 15분간 우려낸다. 체에 걸러 찻잎을 제거한다. 걸러낸 생크림에 전화당과 소르비톨을 넣고 다시 35°C까지 가열한다. 그동안 작게 잘라둔 두 가지 커버처 초콜릿을 중탕으로 녹인다. 여기에 35°C로 데운 생크림을 붓고 잘 섞는다. 작게 깍둑 썬 버터와 재스민 에센스를 넣어준다. 핸드블렌더로 갈아 섞어 휩드 가나슈를 만든다. 28°C까지 식도록 둔다. 가나슈를 짤주머니에 넣고 끝을 조금 잘라낸 다음 초콜릿 셸 안에 1.5mm를 남기고 채워 넣는다. 12시간 동안 굳힌다.

완성하기 FINITIONS
가나슈가 굳으면 템퍼링한 초콜릿(셸과 동일한 것)을 그 위에 짜 덮어 봉봉을 마무리한다. 삼각 스크레이퍼로 밀어 여분의 초콜릿을 제거한다. 굳힌 뒤 틀에서 분리한다.

마카다미아 만다린 귤

MACADAMIA MANDARINE

초콜릿 봉봉 56개분

작업 시간
1시간

굳히기
12시간

보관
밀폐 용기에 넣어
16~18°C에서 1개월

도구
체망
핸드블렌더
주방용 붓
짤주머니
삼각 스크레이퍼
주방용 전자 온도계
지름 3cm 반구형
판형 틀 2개(깨끗하게
닦아 준비한다)

재료

초콜릿 셸
밀크 초콜릿
(카카오 40%) 200g
카카오버터(주황색)
50g

마카다미아 만다린 귤 가나슈
글루코스 시럽(물엿)
65g
설탕 100g + 30g
만다린 귤즙 130g
소르비톨 가루 35g
카카오버터 20g
밀크 커버처 초콜릿
(카카오 40%) 160g
다크 커버처 초콜릿
(카카오 66%) 70g
버터 140g
만다린 리큐어 50g
마카다미아 너트 100g

초콜릿 셸 COQUES EN CHOCOLAT
초콜릿을 템퍼링한다(p.28~32 테크닉 참조). 오렌지색 카카오버터를 45°C까지 가열해 녹인다. 다시 28°C까지 식힌다. 붓을 이용해 녹인 카카오버터를 틀의 각 둥근 공간에 조화롭게 무늬를 내 발라준다. 몇 분간 굳힌 뒤 그 위에 템퍼링한 초콜릿을 흘려 넣어 봉봉 셸을 만든다(p.88 테크닉 참조). 남은 초콜릿은 봉봉 마무리용으로 보관한다.

마카다미아 만다린 귤 가나슈 GANACHE MACADAMIA-MANDARINE
소스팬에 글루코스 시럽, 설탕 100g을 넣고 끓여 황금색 캐러멜을 만든다. 미리 데워놓은 만다린 귤즙을 넣어 더 이상 끓는 것을 중지시킨다. 필요한 경우 물을 추가하여 총 280g을 만든다. 여기에 소르비톨을 넣고 잘 섞은 뒤 35°C까지 식도록 둔다. 카카오버터와 미리 작게 잘라 35°C까지 가열해 녹여둔 두 가지 초콜릿 위에 캐러멜을 붓는다. 작게 깍둑 썰어둔 버터를 넣어준다. 핸드블렌더로 갈아 혼합하여 매끈한 가나슈를 만든 다음 만다린 리큐어를 첨가한다. 28°C까지 식도록 둔다. 가나슈를 짤주머니에 넣고 끝을 조금 잘라낸 다음 초콜릿 셸 안에 2/3 정도 채워 넣는다. 소스팬에 나머지 설탕 30g을 넣고 가열해 캐러멜화한 다음 마카다미아 너트를 넣고 고루 코팅되도록 잘 섞는다. 유산지 위에 덜어내 고루 펼쳐놓고 식힌다. 너트를 각각 반으로 자른다. 틀에 채운 가나슈 안에 반으로 자른 마카다미아 너트를 한 조각씩 조심스럽게 박아 넣는다. 12시간 동안 굳힌다.

완성하기 FINITIONS
가나슈가 굳으면 템퍼링한 초콜릿(셸과 동일한 것)을 그 위에 짜 덮어 봉봉을 마무리한다. 삼각 스크레이퍼로 밀어 여분의 초콜릿을 제거한다. 굳힌 뒤 틀에서 분리한다.

패션프루트

PASSION

초콜릿 봉봉 56개분

작업 시간
1시간

굳히기
12시간

보관
밀폐 용기에 넣어
16~18°C에서 1개월

도구
지름 3cm 반구형
판형 틀 2개(깨끗하게
닦아 준비한다)
핸드블렌더
주방용 붓
짤주머니
삼각 스크레이퍼
주방용 전자 온도계

재료

초콜릿 셸
밀크 초콜릿
(카카오 40%) 200g
식용 금가루 10g
키르슈(kirsch) 10g
카카오버터(노랑) 50g

패션프루트 가나슈
패션프루트 퓌레 500g
설탕 450g
글루코스 시럽(물엿)
45g
밀크 커버처 초콜릿
(카카오 40%) 450g
퍼프 페이스트리용
저수분 버터 150g

초콜릿 셸 COQUES EN CHOCOLAT
초콜릿을 템퍼링한다(p.28~32 테크닉 참조). 식용 금가루를 키르슈에 넣고 잘 개어준다. 이것을 깨끗한 종이에 발라 초콜릿 틀의 각 둥근 공간에 톡톡 찍어 묻힌 뒤 알코올이 날아가도록 잠시 둔다. 카카오버터를 30°C로 가열해 녹인다. 붓을 이용해 카카오버터를 금가루를 찍어놓은 틀 안에 보기 좋게 발라준다. 몇 분간 굳힌 뒤 그 위에 템퍼링한 초콜릿을 흘려 넣어 봉봉 셸을 만든다(p.88 테크닉 참조). 남은 초콜릿은 봉봉 마무리용으로 보관한다.

패션프루트 가나슈 GANACHE PASSION
소스팬에 패션프루트 퓌레, 설탕, 글루코스 시럽을 넣고 105°C까지 끓인다. 가열을 멈추고 60°C까지 식힌다. 초콜릿을 잘게 썬 다음 중탕으로 35°C까지 가열해 녹인다. 여기에 패션프루트 퓌레를 넣고 잘 섞어 매끈한 가나슈를 만든다. 온도가 35°C가 되면 버터를 넣고 핸드블렌더로 갈아 혼합한다. 28°C까지 식도록 둔다. 가나슈를 짤주머니에 넣고 끝을 조금 잘라낸 다음 초콜릿 셸 안에 1.5mm를 남기고 채워 넣는다. 12시간 동안 굳힌다.

완성하기 FINITIONS
가나슈가 굳으면 템퍼링한 초콜릿(셸과 동일한 것)을 그 위에 짜 덮어 봉봉을 마무리한다. 삼각 스크레이퍼로 밀어 여분의 초콜릿을 제거한다. 굳힌 뒤 틀에서 분리한다.

셰프의 조언

패션프루트 과육 퓌레 대신
라즈베리, 블랙커런트, 살구 등의
과육 퓌레를 사용해도 좋다.

트로피칼

EXOTIQUE

초콜릿 봉봉 56개분

작업 시간
1시간

굳히기
12시간

보관
밀폐 용기에 넣어
16~18°C에서 1개월

도구
핸드블렌더
주방용 붓
지름 3cm 반구형
실리콘 판형 틀 2개
짤주머니
삼각 스크레이퍼
주방용 전자 온도계

재료

초콜릿 셸
다크 커버처 초콜릿
(카카오 62%) 200g
카카오버터(주황색)
10g
카카오버터(빨강) 10g

트로피칼 가나슈
글루코스 시럽(물엿)
120g
설탕 150g
바나나 퓌레 180g
파인애플 퓌레 90g
소르비톨 가루 70g
밀크 커버처 초콜릿
(카카오 40%) 320g
다크 커버처 초콜릿
(카카오 66%, Cacao
Barry Mexique) 130g
카카오버터 40g
버터 270g
말리부(럼, 코코넛
베이스 리큐어) 20g

초콜릿 셸 COQUES EN CHOCOLAT
초콜릿을 템퍼링한다(p.28~32 테크닉 참조). 두 가지 색의 카카오버터를 각각 30°C까지 가열해 녹인다. 붓을 이용해 녹인 두 가지 색의 카카오버터를 틀의 각 둥근 공간에 흩뿌려 보기 좋게 무늬를 낸다. 몇 분간 굳힌 뒤 그 위에 템퍼링한 초콜릿을 흘려 넣어 봉봉 셸을 만든다(p.88 테크닉 참조). 남은 초콜릿은 봉봉 마무리용으로 보관한다.

트로피칼 가나슈 GANACHE EXOTIQUE
소스팬에 글루코스 시럽과 설탕을 넣고 끓여 캐러멜을 만든다. 미리 데워둔 바나나 퓌레와 파인애플 퓌레를 넣고 더 이상 끓는 것을 중지시킨 뒤 잘 섞는다. 캐러멜의 무게를 계량한 뒤 필요한 경우 물을 추가하여 총 280g을 만든다. 여기에 소르비톨을 넣고 잘 섞은 뒤 35°C까지 식도록 둔다. 미리 작게 잘라둔 두 가지 초콜릿을 중탕으로 녹인다. 캐러멜이 35°C가 되면 카카오버터와 녹인 초콜릿 위에 붓는다. 작게 깍둑 썰어둔 버터를 넣어준다. 핸드블렌더로 갈아 혼합하여 매끈한 가나슈를 만든다. 말리부 리큐어를 첨가한 다음 다시 핸드블렌더로 갈아 섞는다. 28°C까지 식도록 둔다. 가나슈를 짤주머니에 넣고 끝을 조금 잘라낸 다음 초콜릿 셸 안에 1.5mm를 남기고 채워 넣는다. 12시간 동안 굳힌다.

완성하기 FINITIONS
가나슈가 굳으면 템퍼링한 초콜릿(셸과 동일한 것)을 그 위에 짜 덮어 봉봉을 마무리한다. 삼각 스크레이퍼로 밀어 여분의 초콜릿을 제거한다. 굳힌 뒤 틀에서 분리한다.

레몬 프랄리네
PRALINÉ CITRON

초콜릿 봉봉 150개분

작업 시간
1시간

굳히기
12시간 + 2시간

코팅 작업
1시간

보관
밀폐 용기에 넣어 2주

도구
사방 36cm, 높이 1cm
정사각형 프레임
이쑤시개
초콜릿용 전사지
초콜릿용 디핑포크
주방용 붓
주방용 전자 온도계

재료
카카오버터 130g
밀크 커버처 초콜릿
130g
레몬 4개
아몬드 프랄리네
페이스트 1.3kg

코팅
밀크 커버처 초콜릿
(카카오 40%) 1kg

데커레이션
카카오버터(노랑) 20g

카카오버터와 밀크 커버처 초콜릿을 함께 중탕으로 녹인다.

레몬을 깨끗이 씻은 뒤 껍질 제스트를 그레이터로 갈아낸다.

볼에 프랄리네 페이스와 레몬 제스트를 넣은 뒤 녹인 초콜릿과 카카오버터를 붓고 잘 섞는다.

혼합물의 온도가 28°C까지 떨어지면 미리 실리콘 패드 위에 준비해둔 정사각형 프레임 안에 흘려 넣어 채운다. 16°C에서 12시간 동안 굳힌다.

코팅 ENROBAGE
초콜릿을 템퍼링한다(p.28~32 테크닉 참조). 프레임 안의 혼합물이 굳으면 4 x 1.5cm 크기의 직사각형으로 자른다. 디핑포크를 이용하여 하나씩 템퍼링한 초콜릿에 담가 고루 코팅한다(p.94 테크닉 참조). 유산지 위에 나란히 놓는다.

데커레이션 DÉCOR
노란색 카카오버터를 30°C로 녹인다. 붓을 이용해 녹인 카카오버터를 초콜릿용 전사지 위에 얇게 펴 바른 다음 이쑤시개로 자유롭게 곡선 무늬를 내준다. 굳힌 다음 5 x 2cm 직사각형으로 자른다. 바로 코팅한 프랄네 봉봉 위에 하나씩 덮어준다. 카카오버터 쪽 면이 봉봉에 닿도록 한다. 2시간 굳힌 다음 전사지를 하나씩 조심스럽게 떼어낸다.

살구 패션프루트

ABRICOT PASSION

초콜릿 봉봉 150개분

작업 시간
1시간

굳히기
12시간 + 3시간

코팅 작업
1시간

보관
밀폐 용기에 넣어 2주

도구
사방 36cm, 높이 1cm
정사각형 프레임
초콜릿용 비닐 시트
거품기
초콜릿용 디핑포크
실리콘 패드
주방용 전자 온도계

재료

살구 젤리
살구 퓌레 350g
옐로 펙틴 9g
설탕 50g + 350g
글루코스 시럽(물엿) 90g
레몬즙 6g

패션프루트 밀크 초콜릿 가나슈
밀크 커버처 초콜릿 (카카오 40% Valrhona Jivara) 750g
다크 커버처 초콜릿 (카카오 58%) 300g
패션프루트 퓌레 375g
전화당 150g
소르비톨 가루 45g
버터 225g

코팅
밀크 커버처 초콜릿 (카카오 40%) 1kg

살구 젤리 PÂTE DE FRUITS ABRICOT
소스팬에 살구 퓌레를 넣고 40°C까지 가열한 다음 미리 섞어둔 설탕 50g과 펙틴가루를 넣고 계속 거품기로 저어 섞는다. 끓기 시작하면 글루코스 시럽과 나머지 설탕 350g을 두세 번에 나누어 넣는다. 계속 끓는 상태를 유지한다. 106°C까지 끓인 뒤 레몬즙을 넣어준다. 미리 실리콘 패드 위에 준비해둔 정사각형 프레임 안에 혼합물을 부어 채운다. 완전히 식힌다.

패션프루트 밀크 초콜릿 가나슈 GANACHE LACTÉE PASSION
볼에 두 종류의 커버처 초콜릿을 넣는다. 냄비에 패션프루트 퓌레와 전화당, 소르비톨을 넣고 끓인 다음 초콜릿 위에 붓고 주걱으로 잘 저어 섞는다. 혼합물의 온도가 35°C까지 떨어지면 작게 잘라둔 버터를 넣고 매끈하게 섞는다. 프레임 안의 살구 젤리 위에 혼합물을 부어 고루 펼친 뒤 16°C에서 12시간 동안 굳힌다.

코팅 ENROBAGE
초콜릿을 템퍼링한다(p.28~32 테크닉 참조). 프레임 안의 내용물이 굳으면 칼을 이용해 4 x 1.5cm 크기의 직사각형으로 자른 다음 디핑포크로 템퍼링한 초콜릿에 담가 고루 코팅한다. 초콜릿용 비닐 시트를 두 손으로 구긴 다음 5 x 2cm 크기 직사각형으로 자른다. 바로 코팅한 초콜릿 봉봉 위에 한 장씩 얹어놓는다. 3시간 동안 굳힌 뒤 비닐 시트를 조심스럽게 하나씩 떼어낸다.

허니 오렌지

MIEL ORANGE

초콜릿 봉봉 150개분

작업 시간
1시간

굳히기
12시간 + 2시간

코팅 작업
1시간

보관
밀폐 용기에 넣어 2주

도구
사방 36cm, 높이 1cm
정사각형 프레임
초콜릿용 디핑포크
핸드블렌더
주방용 전자 온도계

재료

가나슈
액상 생크림
(유지방 35%) 350g
밤나무 꿀 170g
소금(플뢰르 드 셀) 2g
오렌지 제스트 10g
소르비톨 가루 50g
글루코스 시럽(물엿)
60g
밀크 커버처 초콜릿
130g
다크 커버처 초콜릿
(카카오 66%) 450g
카카오버터 50g
퍼프 페이스트리용
저수분 버터 80g

코팅
다크 커버처 초콜릿
(카카오 56%) 1kg

데커레이션
초콜릿용 전사지
(원하는 무늬 선택)

소스팬에 생크림, 꿀, 소금, 오렌지 제스트, 소르비톨, 글루코스 시럽을 넣고 35°C까지 가열한다.

잘게 썬 두 종류의 초콜릿과 카카오버터를 중탕으로 35°C까지 녹인다.

데운 생크림 혼합물을 초콜릿에 붓고 핸드블렌더로 갈아 매끈한 가나슈를 만든다.

상온에서 포마드 상태로 부드러워진 버터를 넣고 핸드블렌더로 다시 한 번 갈아 혼합한다.

미리 실리콘 패드 위에 준비해 둔 사각 프레임 안에 흘려 넣어 채운 뒤 16°C에서 12시간 동안 굳힌다.

코팅 ENROBAGE
초콜릿을 템퍼링한다(p.28~32 테크닉 참조). 프레임 안의 내용물이 굳으면 4 x 1.5cm 크기의 직사각형으로 자른 다음 디핑포크를 이용해 템퍼링한 초콜릿에 담가 고르게 코팅한다.

데커레이션 DÉCOR
초콜릿용 전사지를 5 x 2cm 크기 직사각형으로 자른다. 바로 코팅한 봉봉 위에 전사지 무늬가 있는 면이 초콜릿에 닿도록 한 장씩 얹어놓는다. 2시간 동안 굳힌 뒤 전사지를 조심스럽게 하나씩 떼어낸다.

피스타치오

PISTACHE

초콜릿 봉봉 150개분

작업 시간
1시간

굳히기
12시간 + 3시간

코팅 작업
1시간

보관
밀폐 용기에 넣어 2주

도구
사방 36cm, 높이 1cm
정사각형 프레임
초콜릿용 디핑포크
파티스리용 밀대
주방용 전자 온도계

재료

아몬드 피스타치오 페이스트
아몬드 페이스트
(마지팬, 아몬드 33%)
600g
피스타치오 페이스트
70g

피스타치오 가나슈
액상 생크림
(유지방 35%) 300g
전화당 55g
소르비톨 가루 20g
피스타치오 페이스트
22g
다크 커버처 초콜릿
(카카오 66%,
Valrhona Caraïbe)
355g
버터 80g
키르슈(kirsch) 10g

코팅
다크 커버처 초콜릿
(카카오 56%) 1kg

데커레이션
반으로 쪼갠 피스타치오
너트 150개

아몬드 페이스트 PÂTE D'AMANDES
아몬드 페이스트와 피스타치오 페이스트를 주걱으로 잘 섞는다. 사방 36cm 정사각형 프레임 크기에 맞춰 혼합한 페이스트를 밀대로 민 다음 틀 안에 놓는다.

피스타치오 가나슈 GANACHE PISTACHE
소스팬에 생크림과 전화당을 넣고 가열한다. 끓기 시작하면 소르비톨과 피스타치오 페이스트를 넣고 섞어준다. 미리 잘게 잘라둔 초콜릿 위에 뜨거운 생크림 혼합물을 붓는다. 혼합물의 온도가 35°C까지 떨어지면 버터와 키르슈(체리 브랜디)를 넣고 잘 섞어 매끈한 가나슈를 만든다. 가나슈를 20°C까지 식힌 뒤 아몬드 피스타치오 페이스트를 깔아둔 프레임 위에 흘려 넣어 덮어준다. 16°C에서 12시간 동안 굳힌다.

코팅 ENROBAGE
초콜릿을 템퍼링한다(p.28~32 테크닉 참조). 프레임 안의 내용물이 굳으면 칼을 이용해 4 x 1.5cm 크기의 직사각형으로 자른 다음 디핑포크로 템퍼링한 초콜릿에 담가 고루 코팅한다.

데커레이션 DÉCOR
디핑포크로 초콜릿 봉봉 표면에 줄무늬 자국을 내준다. 그 위에 반으로 쪼갠 피스타치오 너트를 한 개씩 얹는다. 3시간 동안 굳힌다.

레몬 바질

BASILIC

초콜릿 봉봉 150개분

작업 시간
1시간

굳히기
12시간 + 3시간

코팅 작업
1시간

보관
밀폐 용기에 넣어 2주

도구
사방 36cm, 높이 1cm
정사각형 프레임
체망
요철 모양 깍지(PF18)
초콜릿용 디핑포크
핸드블렌더
주방용 전자 온도계

재료
액상 생크림
(유지방 35%) 290g
레몬 퓌레 60g
레몬 제스트 15g
바질 잎 15장
전화당 50g
글루코스 시럽
(물엿) 50g
소르비톨 가루 50g
밀크 커버처 초콜릿
370g
다크 커버처 초콜릿
(카카오 66%, Cacao
Barry Mexique) 400g
카카오버터 20g
버터 55g

코팅
다크 커버처 초콜릿
(카카오 58%) 1kg

데커레이션
식용 펄 파우더
(녹색) 5g
키르슈(kirsch) 10g

소스팬에 생크림과 레몬 퓌레를 넣고 40°C까지 가열한다. 불에서 내린 뒤 레몬 제스트와 미리 잘게 썰어둔 바질 잎을 넣고 약 15분간 향을 우려낸다.

향이 우러난 생크림 혼합물을 체에 거른 뒤 다시 소스팬에 넣고 전화당, 글루코스 시럽, 소르비톨을 첨가한다. 불에 올려 35°C까지 가열한다.

두 가지 초콜릿과 카카오 버터를 중탕으로 35°C까지 녹인다. 데운 생크림 혼합물을 녹인 초콜릿에 붓는다.

핸드블렌더로 갈아 섞어 매끈한 가나슈를 만든다.

버터를 넣고 다시 한 번 핸드블렌더로 갈아 혼합한다.

실리콘 패드 위에 준비해 둔 사각 프레임 안에 가나슈 혼합물을 부어 채운다. 16°C에서 12시간 동안 굳힌다.

코팅 ENROBAGE
초콜릿을 템퍼링한다(p.28~32 테크닉 참조). 프레임 안의 내용물이 굳으면 4 x 1.5cm 크기의 직사각형으로 자른 다음 디핑포크를 이용해 템퍼링한 초콜릿에 담가 고루 코팅한다.

데커레이션 DÉCOR
녹색 펄 파우더를 키르슈에 넣고 잘 개어준다. 요철 모양 깍지 팁을 여기에 담가 묻힌 다음 초콜릿 봉봉 위에 찍어 무늬를 내준다. 다시 굳힌다.

솔티드 캐러멜
CARAMEL SALÉ

초콜릿 봉봉 150개분

작업 시간
1시간

굳히기
12시간 + 3시간

코팅 작업
1시간

보관
밀폐 용기에 넣어 2주

도구
사방 36cm, 높이 1cm
정사각형 프레임
초콜릿용 디핑포크
핸드블렌더
초콜릿용 전사지
(5 x 3cm)
주방용 전자 온도계

재료
글루코스 시럽
(DE60) 70g
설탕 150g
액상 생크림
(유지방 35%) 400g
소르비톨 가루 70g
소금(플뢰르 드 셀) 5g
밀크 커버처 초콜릿
380g
다크 커버처 초콜릿
(카카오 56%) 180g
카카오 페이스트 120g
카카오버터 75g

코팅
다크 커버처 초콜릿
(카카오 56%) 1kg

데커레이션
식용 금가루 5g
키르슈(kirsch) 20g

소스팬에 글루코스 시럽과 설탕을 넣고 가열해 갈색 캐러멜을 만든다.

다른 냄비에 생크림과 소르비톨, 소금을 넣고 끓을 때까지 가열한다.

캐러멜에 뜨거운 생크림을 여러 차례에 나누어 붓고 주걱으로 저어주며 더 이상 끓는 것을 중지시킨다. 캐러멜의 무게를 잰 다음 필요한 경우 물을 조금 첨가하여 총 680g을 만든다. 식힌다.

두 가지 커버처 초콜릿을 중탕으로 35°C까지 녹인다. 캐러멜의 온도가 35°C까지 떨어지면 녹인 초콜릿에 붓고 핸드블렌더로 갈아 매끈한 가나슈를 만든다.

카카오 페이스트와 카카오버터를 넣고 핸드블렌더로 다시 한 번 갈아 혼합한다.

실리콘 패드 위에 준비해 둔 사각 프레임 안에 가나슈 혼합물을 부어 채운다. 16°C에서 12시간 동안 굳힌다.

코팅 ENROBAGE
초콜릿을 템퍼링한다(p.28~32 테크닉 참조). 프레임 안의 내용물이 굳으면 4 x 1.5cm 크기의 직사각형으로 자른 다음 디핑포크를 이용해 템퍼링한 초콜릿에 담가 고루 코팅한다. 유산지에 나란히 놓고 살짝 굳힌다.

데커레이션 DÉCOR
식용 금가루를 키르슈에 넣고 잘 개어준다. 여기에 전사지 조각을 담갔다 뺀 다음 초콜릿 봉봉 위에 살짝 찍어 금색 선 무늬를 내준다.

초콜릿 바

그래놀라 초콜릿 바

BARRES CÉRÉALES

초콜릿 바 10개분

작업 시간
1시간 30분

조리
15분

휴지
2시간

굳히기
30~45분

보관
밀폐 용기에 넣어 1주

도구
사방 16cm 정사각형 프레임
스크레이퍼
이쑤시개
L자 스패출러
전동 스탠드 믹서
실리콘 패드
주방용 전자 온도계

재료
아몬드 100g
헤이즐넛 100g
피칸 100g
호박씨 75g
오트밀 50g
라이스 크런치 30g
소금(플뢰르 드 셀) 1g
달걀흰자 60g
설탕 250g
글루코스 시럽(물엿) 25g
젤라틴 가루 12g
물 75g + 25g

코팅
밀크 커버처 초콜릿 (카카오 40%) 500g
밀크 초콜릿 글라사주 페이스트 200g
포도씨유 40g
카카오버터 90g

논스틱 오븐팬에 아몬드와 헤이즐넛을 한 켜로 펼쳐놓은 뒤 150°C로 예열한 오븐에서 15분 정도 로스팅한다. 덜어내 식힌다.

아몬드, 헤이즐넛, 피칸을 큰 칼로 굵직하게 다진다. 큰 볼에 담고 호박씨, 오트밀, 라이스 크런치, 소금을 넣어준다.

전동 스탠드 믹서에 거품기를 장착한 뒤 달걀흰자의 거품을 올린다.

소스팬에 설탕과 글루코스 시럽, 물 75g을 넣고 130°C까지 끓인다. 시럽이 온도에 달하면 거품기가 계속 작동하고 있는 달걀흰자 믹싱볼에 가늘게 재빨리 넣어준다. 이어서 물 72g에 녹인 젤라틴을 넣어준다. 계속하여 달걀흰자의 거품을 올린 뒤 상온에서 식힌다.

혼합물의 온도가 40°C가 되면 견과류 믹스를 모두 넣고 실리콘 주걱으로 살살 저어 섞는다. 미리 실리콘 패드를 깐 오븐팬 위에 준비해둔 사각 프레임 안에 혼합물을 채워 넣는다. L자 스패출러로 표면을 매끈하게 밀어준 뒤 2시간 동안 식힌다.

아주 뜨거운 물에 담갔다 뺀 칼로 프레임 안의 혼합물을 10 x 2cm 크기의 바 모양으로 자른다.

코팅 ENROBAGE
커버처 초콜릿과 글라사주 페이스트를 중탕으로 35°C까지 가열해 녹인다. 포도씨유를 넣고 섞어준다. 카카오버터를 40°C까지 가열해 녹인 다음 초콜릿 혼합물에 넣어준다. 잘 저어 섞는다. 그래놀라 바를 이쑤시개로 찍은 뒤 살짝 담가 표면에만 초콜릿 코팅을 입힌다. 유산지 위에 놓고 굳힌다.

피넛 초콜릿 바
BARRES CACAHUÈTES

초콜릿 바 10개분

작업 시간
1시간 30분

조리
45분

굳히기
30~45분

보관
밀폐 용기에 넣어 1주

도구
전동 스탠드 믹서
사방 16cm 정사각형 프레임
스크레이퍼
이쑤시개
L자 스패출러
푸드 프로세서
파티스리용 밀대
체
실리콘 패드
주방용 전자 온도계

재료

땅콩 파트 쉬크레
가염 구운 땅콩 45g
버터 68g
설탕 68g
아몬드가루 45g
밀가루 68g

땅콩 스펀지 레이어
머랭
달걀흰자 38g
설탕 23g
스펀지 베이스
밀가루 30g
옥수수전분 8g
달걀 50g
달걀노른자 23g
설탕 50g
땅콩(구운 가염땅콩을 분쇄기로 간다) 75g
버터 38g

솔티드 버터 캐러멜
설탕 50g
글루코스 시럽 40g
액상 생크림 (유지방 35%) 60g
가당연유 30g
바닐라 빈 1/2줄기
버터 80g
소금(플뢰르 드 셸) 1g

코팅
밀크 커버처 초콜릿 (카카오 40%) 500g
밀크 초콜릿 글라사주 페이스트 200g
포도씨유 40g
카카오버터 90g
구운 땅콩 약간
식용 금박

땅콩 파트 쉬크레 PÂTE SUCRÉE CACAHUÈTE
푸드 프로세서에 땅콩을 넣고 굵직하게 분쇄한다. 믹싱볼에 차가운 버터와 설탕, 아몬드가루, 분쇄한 땅콩, 밀가루를 넣고 주걱으로 잘 섞어 반죽한다. 둥글게 뭉친 뒤 랩으로 싸서 반죽이 단단해질 때까지 냉장고에 넣어둔다 (약 30분 정도). 반죽을 4mm 두께로 민다. 사방 16cm 정사각형 프레임을 그 위에 누르며 놓고 가장자리 남는 부분은 떼어낸다. 그 상태로 유산지를 깐 베이킹 팬 위에 옮겨놓은 뒤 스펀지 레이어를 만드는 동안 냉장고에 보관한다.

머랭 MERINGUE
전동 스탠드 믹서 볼에 달걀흰자를 넣고 빠른 속도로 돌려 거품을 올린다. 설탕을 넣어가며 계속 빠른 속도로 거품을 올려 머랭을 만든다.

땅콩 스펀지 레이어 BISCUIT CACAHUÈTE
밀가루와 옥수수전분을 함께 체에 친다. 볼에 달걀, 달걀노른자, 설탕, 땅콩가루, 체에 친 밀가루와 전분을 넣고 섞는다. 녹인 버터를 뜨거운 상태로 넣고 잘 섞어준다. 머랭을 넣고 주걱으로 돌리듯이 살살 섞는다. 땅콩 파트 쉬크레 반죽을 깔아둔 정사각형 프레임에 혼합물을 붓는다. 160°C로 예열한 컨벡션 오븐에서 20~30분 굽는다. 꺼내서 식힌다.

솔티드 버터 캐러멜 CARAMEL BEURRE SALÉ
소스팬에 설탕과 글루코스 시럽을 넣고 캐러멜이 될 때까지 가열한다. 미리 뜨겁게 데워둔 생크림과 연유, 길게 갈라 긁은 바닐라 빈을 넣고 잘 섞어 더 이상 끓는 것을 중단시킨다. 캐러멜을 계량한 다음 필요한 경우 물을 조금 첨가하여 총 150g을 만든다. 버터와 소금을 넣고 블렌더로 갈아 혼합한다. 식힌 다음 사용한다.

코팅 ENROBAGE
커버처 초콜릿과 글라사주 페이스트를 중탕으로 35°C까지 가열하여 녹인 다음 포도씨유를 넣고 섞어준다. 카카오버터를 40°C로 녹인다. 녹인 초콜릿 혼합물에 넣고 잘 섞어준다.

조립 MONTAGE
캐러멜을 스펀지 레이어 위에 붓고 냉동실에 넣어 굳힌다. 아주 뜨거운 물에 담갔다 뺀 칼로 10 x 2cm 크기의 길쭉한 직사각형으로 잘라준다. 준비해 둔 코팅 혼합물에 하나씩 담가 초콜릿을 완전히 씌운 뒤 유산지에 놓는다. 코팅이 굳기 전에 반으로 쪼갠 구운 땅콩을 몇 개씩 올린다. 식용 금박을 조금씩 얹어 장식한 다음 완전히 굳힌다.

베리 초콜릿 바

BARRES FRUITS ROUGES

초콜릿 바 10개분

작업 시간
2시간

조리
30~40분

냉장
4시간

굳히기
30~45분

보관
밀폐 용기에 넣어 1주

도구
사방 16cm 정사각형 프레임
스크레이퍼
거품기
파티스리용 밀대
체
주방용 전자 온도계

재료

파트 쉬크레
버터 90g
설탕 90g
아몬드가루 60g
밀가루 90g

스펀지 레이어
달걀 75g
설탕 60g
아카시아 꿀 15g
밀가루 75g
베이킹파우더 2.5g
소금 0.5g
레몬 제스트 1/4개분
버터 70g
생 라즈베리 20개

라즈베리 크랜베리 즐레
라즈베리 퓌레 100g
크랜베리 주스 40g
설탕 100g + 12g
펙틴(pectine NH) 6g
건 크랜베리 80g

코팅
다크 커버처 초콜릿 (카카오 66%) 500g
다크 초콜릿 글라사주 페이스트 200g
포도씨유 50g
카카오버터 70g

파트 쉬크레 PÂTE SUCRÉE
믹싱볼에 상온의 버터를 넣고 거품기로 휘저어 부드러운 포마드 상태로 만든다. 여기에 설탕, 아몬드가루, 밀가루를 넣고 손으로 잘 섞어 반죽한다. 랩으로 싸 냉장고에 2시간 동안 넣어둔다. 반죽을 꺼내 4mm 두께로 민다. 사방 16cm 정사각형 프레임을 그 위에 누르며 놓고 가장자리 남는 부분은 떼어낸다. 그 상태로 유산지를 깐 베이킹 팬 위에 옮겨놓은 뒤 스펀지 레이어를 만드는 동안 냉장고에 보관한다.

스펀지 레이어 BISCUIT
믹싱볼에 달걀, 설탕, 꿀을 넣고 띠 모양으로 흘러내리는 농도가 될 때까지 거품기로 휘핑한다. 밀가루에 베이킹파우더와 소금을 넣고 함께 체에 친 다음 믹싱볼 혼합물에 넣어준다. 레몬 제스트를 넣는다. 미리 녹여 완전히 식혀둔 버터를 혼합물에 넣고 주걱으로 잘 섞는다. 사각 프레임에 깔아둔 파트 쉬크레 반죽 위에 혼합물을 부어 펼쳐놓는다. 그 위에 생 라즈베리를 한 켜로 고루 올린 뒤 180°C로 예열한 오븐에서 15~20분 굽는다. 상온으로 식힌 다음 냉장고에 넣어둔다.

라즈베리 크랜베리 즐레 GELÉE DE FRAMBOISE ET CRANBERRY
소스팬에 라즈베리 퓌레, 크랜베리 주스, 설탕 100g을 넣고 40°C로 가열한다. 나머지 설탕 12g에 펙틴 가루를 섞은 뒤 소스팬 혼합물에 고루 뿌려 넣는다. 거품기로 계속 잘 저으며 끓을 때까지 가열한다.

코팅 ENROBAGE
커버처 초콜릿과 글라사주 페이스트를 중탕으로 35°C까지 가열하여 녹인 다음 포도씨유를 넣고 섞어준다. 카카오버터를 40°C로 녹인다. 녹인 초콜릿 혼합물에 넣고 잘 섞어준다.

조립 MONTAGE
뜨거운 라즈베리 즐레를 차가운 스펀지 레이어 위에 고르게 붓는다. 그 위에 건 크랜베리를 고르게 얹은 뒤 냉장고에 넣어 2시간 동안 굳힌다. 아주 뜨거운 물에 담갔다 뺀 칼로 10 x 2cm 크기의 길쭉한 직사각형으로 잘라준다. 준비해 둔 초콜릿 코팅 혼합물에 살짝 담가 즐레를 덮은 윗면을 제외하고 나머지 면을 코팅해준다. 유산지를 깐 베이킹 시트 위에 나란히 놓고 완전히 굳힌다.

패션프루트 화이트 초콜릿 바

BARRES PASSION

초콜릿 바 10개분

작업 시간
2시간

조리
30분

냉장
3시간

굳히기
30~45분

보관
밀폐 용기에 넣어 1주

도구
사방 16cm 정사각형 프레임
스크레이퍼
핸드블렌더
전동 스탠드 믹서
파티스리용 밀대
체
주방용 전자 온도계

재료

헤이즐넛 타르트 시트
밀가루 75g
슈거파우더 12.5g
버터 60g
헤이즐넛 가루 50g
베이킹파우더 0.25g
달걀 15g

스펀지 레이어
헤이즐넛 가루 90g
포마드 상태의 버터 75g
슈거파우더 90g
달걀 60g
헤이즐넛 페이스트 25g

패션프루트 가나슈
액상 생크림 (유지방 35%) 100g
전화당 27g
화이트 초콜릿 300g
판 젤라틴 4g
패션프루트 퓌레 40g

코팅
화이트 커버처 초콜릿 (카카오 36%) 600g
화이트 초콜릿 글라사주 페이스트 200g
포도씨유 50g
카카오버터 70g
카카오버터 (노란색) 20g
코코넛 슈레드 100g

헤이즐넛 타르트 시트 PÂTE NOISETTES
전동 스탠드 믹서 볼에 미리 체에 친 밀가루와 슈거파우더, 작게 썬 차가운 버터, 헤이즐넛 가루, 베이킹피우더를 넣는다. 플랫비터를 돌려 모래처럼 부슬부슬한 질감이 될 때까지 섞는다. 이어서 풀어놓은 달걀을 넣고 섞어 균일한 반죽을 만든다. 반죽을 덜어내 둥글게 뭉친 다음 랩으로 싸서 냉장고에 20분간 넣어둔다. 반죽을 4mm 두께로 민 다음 사방 16cm 정사각형 프레임을 그 위에 누르며 놓고 가장자리의 여유분은 잘라낸다. 이 상태로 유산지를 깐 베이킹 시트 위에 옮겨놓는다. 스펀지 레이어를 만드는 동안 냉장고에 넣어둔다.

스펀지 레이어 BISCUIT
유산지를 깐 오븐팬에 헤이즐넛 가루를 펼쳐놓고 160°C 오븐에서 로스팅한다 (최대 10분). 꺼내서 식힌다. 전동 스탠드 믹서 볼에 상온에서 부드러워진 포마드 상태의 버터와 슈거파우더를 넣고 거품기를 돌려 섞는다. 여기에 로스팅한 헤이즐넛 가루를 넣어 섞은 다음 달걀을 한 개씩 넣어준다. 균일한 혼합물이 되면 헤이즐넛 타르트 시트를 채운 프레임 안에 펼쳐 붓고 180°C 오븐에서 약 20분간 굽는다.

패션프루트 가나슈 GANACHE PASSION
소스팬에 생크림과 전화당을 넣고 끓인다. 뜨거운 생크림을 작게 잘라둔 초콜릿에 붓고 녹인 뒤 핸드블렌더로 갈아 매끈하게 유화한다. 미리 찬물에 불린 뒤 물을 꼭 짠 젤라틴을 가나슈에 넣고 잘 저어 녹인다. 패션프루트 퓌레를 조금씩 넣어주며 계속 핸드블렌더로 갈아 혼합한다. 완성된 가나슈를 헤이즐넛 스펀지 레이어 위에 고르게 붓는다. 냉장고에 넣어 최소 3시간 굳힌다. 아주 뜨거운 물에 담갔다 뺀 칼로 10 x 2cm 크기의 길쭉한 직사각형으로 잘라준다.

코팅 ENROBAGE
화이트 커버처 초콜릿과 글라사주 페이스트를 중탕으로 35°C까지 가열하여 녹인 다음 포도씨유를 넣고 섞어준다. 카카오버터를 40°C로 녹인 뒤 노란색 카카오버터를 첨가한다. 이것을 모두 녹인 초콜릿 혼합물에 넣고 잘 섞어준다. 잘라둔 헤이즐넛 바를 초콜릿 혼합물에 넣고 완전히 코팅한 다음 코코넛 슈레드를 고루 뿌려준다. 유산지를 깐 베이킹 시트에 나란히 놓고 완전히 굳힌다.

초콜릿 음료

핫 초콜릿

CHOCOLAT CHAUD

1리터 분량

작업 시간
10분

조리
5분

보관
즉시 음용한다.

도구
볼
거품기

재료
우유(전유) 500g
액상 생크림
(지방 35%) 500g
설탕 40g
다크 초콜릿
(카카오 70%) 150g
다크 초콜릿
(카카오 65%) 150g

소스팬에 우유, 생크림, 설탕을 넣고 끓을 때까지 가열한다.

두 종류의 초콜릿을 칼로 다진다.

볼에 다진 초콜릿을 담고 그 위에 끓는 우유, 크림 혼합물을 여러 차례에 나누어 넣으며 계속 거품기로 저어 섞는다.

뜨겁게 바로 서빙한다.

스파이스 핫 초콜릿

CHOCOLAT CHAUD ÉPICÉ

1리터 분량

작업 시간
10분

향 우려내기
5분

보관
즉시 음용한다.

도구
거품기

재료
저지방 우유 1리터
팽 데피스용
스파이스 믹스 2g
시나몬 스틱 2개
다크 초콜릿
(카카오 60%) 100g
밀크 초콜릿
(카카오 40%) 100g
다크 초콜릿
(카카오 70%) 100g

소스팬에 우유를 넣고 끓을 때까지 가열한다. 불에서 내린 뒤 스파이스 믹스와 시나몬 스틱을 넣어준다. 약 20분 정도 향을 우려낸다.

세 종류의 초콜릿을 칼로 다진다.

향이 우러난 우유를 다시 끓인 뒤 다진 초콜릿이 담긴 볼에 여러 차례에 나누어 넣으며 거품기로 계속 저어 섞는다.

뜨겁게 바로 서빙한다.

휘핑크림을 얹은 초콜릿 음료

CHOCOLAT LIÉGEOIS

6~8인분

작업 시간
10분

조리
5분

보관
즉시 음용한다.

도구
거품기
짤주머니 + 별모양 깍지

재료

핫 초콜릿
우유(전유) 500g
액상 생크림
(유지방 35%) 500g
설탕 40g
다크 초콜릿
(카카오 70%) 150g
다크 초콜릿
(카카오 65%) 150g

바닐라 마스카르포네 샹티이
액상 생크림
(유지방 35%) 200g
설탕 16g
마스카르포네 50g
바닐라 빈 1줄기

핫 초콜릿 CHOCOLAT CHAUD
핫 초콜릿을 만든다(p.168 레시피 참조).

바닐라 마스카르포네 샹티이 CHANTILLY MASCARPONE VANILLÉE
믹싱볼에 마스카르포네 치즈와 약간의 생크림을 넣고 풀어준다. 바닐라 빈 줄기를 길게 갈라 안의 가루를 긁어낸 다음 나머지 생크림에 설탕과 함께 넣고 잘 섞는다. 이것을 풀어놓은 마스카르포네에 넣고 휘핑해 부드러운 질감의 샹티이 크림을 만든다.

완성하기 MONTAGE
큰 유리컵에 기호에 따라 핫 초콜릿 또는 아이스 초콜릿 음료를 담는다. 별모양 깍지를 끼운 짤주머니를 이용해 마스카르포네 샹티이를 초콜릿 음료 위에 짜 얹는다. 기호에 따라 코코아가루를 뿌려 바로 서빙한다.

초콜릿 밀크셰이크

MILKSHAKE AU CHOCOLAT

4잔(각 225g) 분량

작업 시간
10분

냉장
최소 20분

보관
즉시 음용한다.

도구
큰 유리잔 4개
블렌더

재료

초콜릿 소르베
다크 초콜릿
(카카오 70%) 325g
물 1리터
우유 분말 20g
설탕 250g
꿀 50g

밀크셰이크
우유(저지방 우유 또는
전유) 400g
무가당 코코아가루 70g

초콜릿 소르베 SORBET CHOCOLAT

초콜릿을 잘게 다진 뒤 중탕으로 녹인다. 소스팬에 물과 우유 분말, 설탕, 꿀을 넣고 2분간 끓인다. 이 시럽의 1/3을 녹인 초콜릿에 천천히 부어 넣은 뒤 중앙 부분이 윤기가 나면서 쫀쫀해질 때까지 실리콘 주걱을 세게 휘저어 섞어준다. 이어서 시럽의 두 번째 1/3을 넣고 마찬가지 방법으로 섞어준다. 마지막 1/3도 마찬가지 방법으로 넣어 섞는다. 핸드블렌더로 갈아 매끈하고 균일하게 유화한다. 이 혼합물을 소스팬에 넣은 뒤 계속 저어가며 85°C까지 가열한다. 밀폐 용기에 덜어낸 다음 냉장고에 넣어 재빨리 식힌다. 냉장고에 최소 12시간 동안 넣어 숙성시킨다. 다시 한 번 블렌더로 갈아 풀어준 다음 아이스크림 메이커에 넣어 돌린다. 아이스크림 용기에 덜어낸 다음 표면을 매끈하게 다듬어준다. –35°C로 급속 냉동한 뒤 –20°C 냉동실에 보관한다.

밀크셰이크 MILKSHAKE

서빙할 4개의 유리잔을 냉장고에 최소 20분간 미리 넣어둔다. 소르베 400g과 기타 재료를 모두 블렌더에 넣고 갈아준다. 차가워진 잔에 담아 바로 서빙한다.

셰프의 조언

초콜릿 소르베를 초콜릿 아이스크림 (다크, 밀크 또는 화이트 초콜릿)으로 대체해도 좋다.

초콜릿 아이리시 커피 베린

IRISH COFFEE CHOCOLAT

10인분

작업 시간
45분

냉장
1시간 30분

보관
즉시 음용한다.

도구
유리잔 10개
체망
클로버 모양 쿠키커터
(지름 4cm)
원형 쿠키커터
(지름 7cm)
핸드블렌더
짤주머니
체
주방용 전자 온도계

재료
초콜릿 파트 사블레 1장
(p.66 테크닉 참조)

커피 크레뫼
액상 생크림
(지방 35%) 40g
커피 원두 15g
우유(전유) 50g
설탕 10g
달걀노른자 30g
판 젤라틴 2.5g
밀크 초콜릿 40g
버터(상온) 25g

다크 초콜릿 무스
다크 초콜릿
(카카오 70%) 75g
우유(전유) 250g
액상 생크림(지방 35%)
25g + 100g
설탕 20g
한천가루(agar-agar)
1g

마스카르포네 샹티이 크림
마스카르포네 50g
액상 생크림
(지방 35%) 200g
설탕 16g
바닐라 빈 1줄기

커피 위스키 젤리
한천가루(agar-agar)
4g
물 300g
위스키 100g
설탕 50g
인스턴트 커피
1테이블스푼

초콜릿 파트 사블레 PÂTE SABLÉE AU CHOCOLAT
파트 사블레를 만든다(p.66 테크닉 참조). 반죽을 2mm 두께로 얇게 민 다음 원형 쿠키커터를 이용해 서빙할 유리잔 지름과 같을 크기의 원으로 10개를 잘라낸다. 각 원반 모양 반죽 중앙에 클로버 모양 쿠키커터를 대고 찍어낸다. 실리콘 패드를 깐 베이킹 팬에 놓은 뒤 170°C 오븐에서 8분간 굽는다.

커피 크레뫼 CRÉMEUX CAFÉ
생크림에 굵게 부순 커피 원두를 넣고 24시간 동안 냉장고에 넣어 향을 우려낸다. 체에 걸러 소스팬에 넣고 우유를 첨가한 뒤 끓을 때까지 가열한다. 볼에 달걀노른자와 설탕을 넣고 뽀얗게 될 때까지 거품기로 저어 섞는다. 여기에 뜨거운 생크림과 우유를 조금 붓고 풀어준 다음 다시 소스팬으로 옮긴다. 주걱으로 계속 저으며 가열해 크렘 앙글레즈(crème anglaise)를 완성한다. 이것을 작게 잘라둔 초콜릿 위에 붓고 매끈하게 섞는다. 미리 찬물에 불린 뒤 물기를 꼭 짠 젤라틴을 넣고 잘 녹이며 섞어준다. 냉장고에 넣어 식힌다. 크렘 앙글레즈의 온도가 35°C까지 떨어지면 버터를 넣고 핸드블렌더로 갈아 혼합한다. 짤주머니를 이용해 각 유리잔에 1/3씩 채워 넣는다. 냉장고에 30분간 넣어둔다.

다크 초콜릿 무스 SUPRÊME CHOCOLAT NOIR
초콜릿을 중탕으로 녹인다. 다른 소스팬에 우유, 생크림 25g, 한천가루와 미리 섞어둔 설탕을 넣고 끓을 때까지 가열한다. 이 혼합물의 1/3을 녹인 초콜릿에 넣고 섞은 뒤 나머지도 1/3씩 나누어 넣어가며 섞어준다. 핸드블렌더로 완전히 매끈한 질감이 되도록 갈아 혼합한다. 식힌다. 나머지 생크림 100g을 거품이 일 때까지 휘핑한다. 초콜릿 혼합물의 온도가 35°C까지 떨어지면 휘핑한 생크림을 넣고 주걱으로 살살 섞어준다. 짤주머니에 채워 넣는다. 유리잔의 커피 크레뫼 위에 한 층을 짜 얹어 2/3 높이까지 채운다. 냉장고에 30분간 넣어둔다.

마스카르포네 샹티이 크림 CRÈME CHANTILLY MASCARPONE
전동 스탠드 믹서 볼에 마스카르포네 치즈를 넣고 거품기를 돌려 풀어준다. 여기에 생크림과 설탕을 넣고 휘핑하여 샹티이를 만든다. 마스카르포네 샹티이 크림을 짤주머니에 넣은 뒤 유리잔의 맨 위 1/3층을 짜 얹는다. 냉장고에 30분간 넣어 굳힌다.

커피 위스키 젤리 GELÉE DE CAFÉ-WHISKY
소스팬에 한천가루와 물을 넣고 2분간 잘 저어 녹이며 끓인다. 굳지 않을 정도로 식힌다. 설탕과 위스키를 넣고 섞는다. 불에서 내린 뒤 인스턴트 커피를 넣고 풀어준다.

조립 MONTAGE
식었지만 아직 액체 상태인 커피 위스키 젤리를 유리잔의 맨 윗층 샹티이 크림 위에 붓는다. 살짝 굳은 뒤 클로버 모양의 파트 사블레 쿠키를 얹는다.

기본 초콜릿 레시피

초콜릿 무스
MOUSSES AUX CHOCOLATS

8인분

작업 시간
1시간

냉장
2시간

보관
냉장고에서 48시간

도구
전동 스탠드 믹서
주방용 전자 온도계

재료

크렘 앙글레즈
우유(전유) 100g
액상 생크림
(지방 35%) 100g
설탕 30g
달걀노른자 30g

다크 초콜릿 무스
다크 초콜릿
(카카오 64%) 100g
무가당 코코아가루 50g
버터 75g
크렘 앙글레즈 250g
젤라틴 가루 4g
물 24g
액상 생크림
(지방 35%) 500g
슈거파우더 50g

밀크 초콜릿 무스
밀크 초콜릿
(카카오 40%) 100g
버터 50g
크렘 앙글레즈 250g
젤라틴 가루 8g
물 48g
액상 생크림
(지방 35%) 500g
슈거파우더 50g

화이트 초콜릿 무스
화이트 초콜릿
(카카오 35%
Valrhona Ivoire)
200g
버터 50g
크렘 앙글레즈 250g
젤라틴 가루 8g
물 48g
액상 생크림
(지방 35%) 500g
슈거파우더 50g

크렘 앙글레즈 CRÈME ANGLAISE
크렘 앙글레즈를 만든다(p.50 테크닉 참조).

무스 MOUSSE
초콜릿과 버터를 함께 중탕으로 녹인다. 다크 초콜릿 무스에는 코코아가루를 첨가한다. 소스팬에 크렘 앙글레즈를 넣고 뜨겁게 데운 다음 미리 물에 적셔둔 젤라틴을 넣고 잘 녹여 섞는다. 이 크렘 앙글레즈를 녹인 초콜릿에 붓고 잘 섞는다. 전동 스탠드 믹서 볼에 생크림과 슈거파우더를 넣고 거품기를 돌려 단단하게 휘핑한다. 초콜릿과 혼합한 크렘 앙글레즈에 휘핑한 크림을 넣고 알뜰주걱으로 살살 섞어준다. 서빙용 작은 볼에 담아 냉장고에 2시간 넣어둔다.

브라우니

BROWNIES

4인분

작업 시간
30분

조리
25~30분

보관
3~4일. 랩으로 싸서
건조하고 서늘한 곳에
보관한다.

도구
사방 18cm 정사각형 틀
체
주방용 전자 온도계
전동 스탠드 믹서

재료
버터 100g
다크 초콜릿 120g
달걀 100g
설탕 60g
밀가루 40g
호두 살 30g

버터와 잘게 썬 초콜릿을 중탕으로 녹인다.

전동 스탠드 믹서 볼에 달걀과 설탕을 넣고 색이 뽀얗게 변하면서 걸쭉해질 때까지 최소 7분간 거품기를 계속 돌려 섞어준다.

버터, 초콜릿을 녹인 혼합물의 온도가 45°C에 달하면 이것을 달걀, 설탕을 섞고 있는 믹싱볼에 세 번에 나누어 넣는다. 계속 중간 속도로 거품기를 돌린다. 이사바용 혼합물의 부피가 꺼지지 않고 유지되도록 주의한다.

체에 친 밀가루와 호두 살을 조금씩 넣어가며 알뜰주걱으로 잘 섞는다.

반죽 혼합물을 틀에 채워 넣은 뒤 160°C로 예열한 오븐에서 25~30분간 굽는다.

꺼내 식힌 뒤 일정한 크기의 정사각형으로 자른다.

셰프의 조언

브라우니에 크렘 앙글레즈, 샹티이 크림
또는 바닐라 아이스크림을 곁들이면 좋다.
호두를 피칸이나 마카다미아 너트로
대체할 수 있으며 화이트나 밀크 초콜릿
조각을 첨가해도 좋다.

퐁당 쇼콜라
MOELLEUX AU CHOCOLAT

약 8개 분량

작업 시간
30분

조리
15~20분

보관
즉시 서빙한다.

도구
전동 스탠드 믹서
지름 7cm 무스링 8개
거품기
작은 체망
짤주머니
주방용 전자 온도계

재료
다크 커버처 초콜릿 (카카오 58%) 300g
버터 50g
달걀노른자 200g
설탕 75g
생크림 또는 헤비크림 75g
밀가루 20g
달걀흰자 300g

완성 재료
슈거파우더

오븐을 180°C로 예열한다. 무스링 안쪽에 버터를 바른 뒤 유산지를 깐 오븐팬에 올려놓는다.

내열용기에 초콜릿과 버터를 넣고 중탕으로 40°C까지 가열해 녹인다.

믹싱볼에 달걀노른자와 설탕 50g을 넣고 색이 뽀얗게 될 때까지 거품기로 휘저어 섞는다.

생크림을 넣고 이어서 밀가루를 넣어 섞는다.

녹인 초콜릿을 넣고 전부 잘 섞어준다.

전동 스탠드 믹서 볼에 달걀흰자를 넣고 거품을 올린다. 나머지 설탕을 넣고 단단하게 거품을 낸다.

거품 낸 달걀흰자를 초콜릿 혼합물에 넣고 주걱으로 살살 섞어준다.

혼합물을 무스링 안에 채워 넣은 뒤 180°C로 예열한 오븐에서 15~20분 굽는다.

완성하기 FINITIONS
링을 제거한 뒤 슈거파우더를 조금 뿌려 서빙한다.

셰프의 조언

• 이 반죽 혼합물은 냉동해 두었다 사용해도 좋다.
• 굽기 전에 혼합물 가운데에 초콜릿 한 조각을 넣어도 좋다.

초콜릿 마블 파운드케이크

CAKE MARBRÉ

8인분

작업 시간
1시간

조리
45분~1시간

보관
랩으로 싸서 건조하고
서늘한 곳에서 1주일
또는 냉동실에서 수개월
보관 가능.

도구
파운드케이크 틀(14 x
7.3cm, 높이 7cm)
1회용 짤주머니
전동 스탠드 믹서
체

재료
버터(상온) 80g
슈거파우더 90g
전화당 8g
달걀 100g
바닐라 에센스 1g
소금 1자밤
밀가루 100g
베이킹파우더 1g
무가당 코코아가루 8g

전동 스탠드 믹서 볼에 상온에서 부드러워진 포마드 상태의 버터와 슈거파우더, 전화당을 넣는다. 상온의 달걀과 바닐라 에센스, 소금을 넣고 플랫비터를 돌려 혼합한다. 밀가루와 베이킹파우더를 함께 체에 친 다음 믹싱볼에 넣고 함께 섞어준다.

전동 스탠드 믹서의 작동을 멈춘 뒤 반죽을 꺼내 두 개의 볼에 나누어 담는다. 그중 하나에 미리 체에 친 코코아가루를 넣고 주걱으로 잘 섞어준다.

유산지를 안쪽에 댄 파운드케이크 틀 안에 바닐라와 초콜릿의 두 가지 반죽을 교대로 담아 2/3까지 채운다.

나무 꼬챙이나 칼끝으로 반죽을 지그재그 모양으로 휘저어 마블링 효과를 내준다.

200°C로 예열한 오븐에 넣어 15분간 구운 뒤 온도를 160°C로 내리고 다시 20~25분간 굽는다.

셰프의 조언

오븐에서 구운 뒤 완성 상태를 확인하려면
칼날을 케이크에 찔러 넣어본다.
칼날을 뺄 때 아무것도 묻지 않고
마른 상태로 나오면 다 익은 것이다.

초콜릿 피낭시에

FINANCIERS AU CHOCOLAT

8~10인분

작업 시간
20분

휴지
하룻밤

조리
15~20분

굳히기
20분

보관
밀폐 용기에 넣어 5일

도구
전동 스탠드 믹서
체망
초콜릿용 전사지
거품기
피낭시에 틀(10 x 2.5, 높이 1.5cm)
작은 체망
짤주머니
L자 스패출러
주방용 전자 온도계

재료

피낭시에
슈거파우더 50g
아몬드가루 50g
설탕 100g
밀가루 37g
무가당 코코아가루 13g
달걀흰자 150g
버터 125g

데커레이션
다크 초콜릿
(카카오 56%) 300g
카카오닙스
무가당 코코아가루

피낭시에 FINANCIERS
전동 스탠드 믹서 볼에 가루와 마른 재료를 모두 함께 넣고 섞은 뒤 달걀흰자를 첨가하고 거품이 일 때까지 거품기를 돌려 혼합한다. 소스팬에 버터를 넣고 갈색이 나기 시작할 때까지 가열해 녹인다. 이 버터를 체에 거른다. 버터의 온도가 35~40°C까지 떨어지면 거품 낸 달걀흰자 혼합물에 넣고 섞어준다. 상온에서 하룻밤 휴지시킨다. 피낭시에 틀에 버터를 발라준다(실리콘 틀인 경우는 불필요). 반죽 혼합물을 잘 섞어준 다음 짤주머니에 넣는다. 피낭시에 틀에 채워 넣고 200°C로 예열한 오븐에서 15분 정도 굽는다.

조립 MONTAGE
초콜릿을 템퍼링한다(p.28~32 테크닉 참조). 초콜릿용 비닐 시트(전사지)에 붓고 L자 스패출러를 사용해 2~3mm 두께로 얇게 펴준다. 몇 분간 굳힌 다음 10 x 2cm 크기의 직사각형으로 자른다. 완전히 굳힌다. 이것을 다시 템퍼링한 초콜릿에 길이로 반 정도 담갔다 뺀 다음 카카오닙스를 묻힌다. 템퍼링한 초콜릿을 조금 묻혀 이 초콜릿 장식을 피낭시에 위에 얹어 고정시킨다. 초콜릿을 길이로 반으로 나누어 긴 스패출러로 가린 뒤 코코아가루를 카카오닙스 쪽에 솔솔 뿌려준다.

초콜릿 사블레 쿠키

SABLÉS AU CHOCOLAT

약 16개분

작업 시간
45분

냉장
20분

조리
15분

보관
밀폐 용기에 넣어 2주

도구
지름 5cm 원형
쿠키커터
파티스리용 밀대
체
실리콘 패드

재료
버터(상온) 150g
설탕 80g
달걀노른자 40g
헤이즐넛 가루 80g
무가당 코코아가루 20g
밀가루(T55) 120g
소금(플뢰르 드 셀)
1자밤

볼에 버터, 설탕, 달걀노른자를 넣고 알뜰주걱으로 섞는다. 버터는 상온에서 부드러워진 상태로 사용해야 하므로 미리 냉장고에서 꺼내둔다.

이어서 헤이즐넛 가루와 코코아가루를 넣고 다시 잘 섞어준다.

마지막으로 체에 친 밀가루와 소금 한 자밤을 넣어준다. 균일한 반죽이 되도록 잘 혼합한다.

반죽을 두 장의 유산지 사이에 넣고 밀대를 사용해 22 x 20cm, 두께 1cm 의 직사각형으로 민다.

반죽이 약간 굳도록 냉장고에 20분 정도 넣어둔다.

쿠키커터로 16개의 원형을 찍어낸다. 나머지 자투리 반죽도 다시 뭉쳐 민 다음 원형으로 찍어내 모자라는 개수를 맞춘다.

실리콘 패드를 깐 베이킹 시트 위에 쿠키 반죽을 한 켜로 놓는다. 170°C로 예열한 오븐에서 15분간 굽는다.

더블 초콜릿 칩 쿠키
COOKIES

약 25개분

작업 시간
30분

냉장
30분

조리
12~15분

보관
밀폐 용기에 넣어 2주

도구
체

재료
버터(상온) 160g
비정제 황설탕 160g
달걀 50g
바닐라 빈 1줄기
밀가루 250g
베이킹파우더 3g
다크 초콜릿 칩 40g
화이트 초콜릿 칩 120g
아몬드 슬라이스 25g

상온에서 부드러워진 버터와 설탕을 볼에 넣고 알뜰주걱으로 섞는다. 이어서 상온의 달걀, 길게 갈라 긁은 바닐라 빈을 넣어준다.

베이킹파우더와 함께 체에 친 밀가루를 넣고 잘 섞은 다음 두 종류의 초콜릿 칩과 아몬드 슬라이스를 넣는다.

반죽을 지름 5cm, 길이 15cm 모양의 원통형으로 성형한다. 랩으로 싸서 냉장고에 30분 정도 넣어둔다.

랩을 벗겨낸 다음 1cm 두께로 자른다.

유산지를 깐 베이킹 시트 위에 충분한 간격을 두고 쿠키 반죽을 놓는다. 180°C로 예열한 오븐에서 12~15분간 굽는다.

초콜릿 파운드케이크

CAKE AU CHOCOLAT

6~8인분

작업 시간
15분

조리
45분

보관
3일. 랩으로 싸서 건조한 곳에 둔다.

도구
코르네
파운드케이크 틀(14 x 7.3cm, 높이 7cm)
전동 스탠드 믹서
체

재료
아몬드 페이스트 (아몬드 50%) 70g
설탕 85g
달걀 100g
밀가루(T55) 90g
무가당 코코아가루 15g
베이킹파우더 3g
우유(전유) 75g
따뜻한 온도의 녹인 버터 85g
버터(상온에서 부드러워진 포마드 상태) 2g

부재료
피스타치오 25g
헤이즐넛 50g
캔디드 오렌지 필 25g

아몬드 페이스트를 주걱으로 풀어준다. 전동 스탠드 믹서 볼에 아몬드 페이스트와 설탕을 넣고 거품기를 돌려 섞는다. 달걀을 조금씩 넣어준다. 알뜰주걱으로 10분간 저어 섞으며 공기를 불어넣어 가벼운 질감의 혼합물을 만든다.

밀가루, 코코아가루, 베이킹파우더를 체에 친다. 아몬드 페이스트 혼합물에 우유를 넣어 섞은 뒤 체에 친 가루들의 반을 넣는다. 알뜰주걱으로 잘 섞는다.

오븐팬에 헤이즐넛을 한 켜로 펼쳐놓은 뒤 150°C로 예열한 오븐에서 약 15분 정도 로스팅한다. 꺼내서 식힌 다음 바로 굵직하게 다진다.

피스타치오를 굵직하게 다진다. 캔디드 오렌지 필을 작은 주사위 모양으로 썬다. 너트와 오렌지 필을 남은 가루 재료 반에 넣고 섞는다. 이것을 전체 혼합물에 넣고 섞어준다.

따뜻한 온도의 녹인 버터를 넣어준다. 미리 버터를 바르고 밀가루를 묻혀둔 파운드케이크 틀에 반죽 혼합물을 부어 3/4을 채운다. 200°C로 예열한 오븐에 넣고 바로 온도를 160°C로 낮춘다.

10분간 구운 뒤 케이크 표면 중앙에 길게 칼집을 낸 뒤 코르네(p.126 테크닉 참조)를 이용해 포마드 상태의 부드러운 버터를 짜 넣는다. 30~35분간 더 굽는다.

식힌 뒤 틀을 제거하고 망 위에 올린다.

셰프의 조언

파운드케이크의 촉촉함을 유지하려면 랩으로 싸서 보관한다.

잔두야 초콜릿 브리오슈

BRIOCHE GIANDUJA

작은 브리오슈 10개분

작업 시간
4시간

냉장
2시간

휴지(1차 발효)
1시간

2차 발효
3시간

조리
10분

보관
랩으로 싸 건조한 곳에서 1주일 또는 냉동실에서 수개월간 보관 가능.

도구
스크레이퍼
주방용 붓
짤주머니
전동 스탠드 믹서
체
주방용 전자 온도계

재료

초콜릿 브리오슈
밀가루(T65) 480g
무가당 코코아가루 20g
소금 12.5g
설탕 75g
제빵용 생 이스트 20g
달걀 300g
우유 25g
버터 200g
다크 초콜릿 (카카오 56%) 100g
초콜릿 칩 200g

달걀물
달걀 50g
달걀노른자 50g
우유(전유) 50g

초콜릿 크럼블 토핑
버터 70g
밀가루 50g
비정제 황설탕 100g
아몬드가루 40g
무가당 코코아가루 20g
카카오닙스 75g

필링
잔두야 200g

초콜릿 브리오슈 BRIOCHE CHOCOLAT
브리오슈 반죽을 만든다(p. 81 테크닉 참조). 반죽을 65g씩 10개로 소분해 작은 공 모양으로 성형한다. 유산지를 깐 베이킹 시트 위에 놓는다.

초콜릿 크럼블 CRUMBLE CHOCOLAT
재료를 모두 손으로 섞어 모래처럼 부슬부슬한 질감을 만든다. 성형해둔 브리오슈 반죽 위에 고루 뿌려 얹은 뒤 220°C로 예열한 오븐에서 10분간 굽는다.

필링 채우기 FOURRAGE
잔두야를 28°C까지 살짝 녹인 다음 짤주머니에 넣는다. 식은 브리오슈 밑면에 뾰족한 깍지로 구멍을 뚫은 뒤 잔두야 필링을 짜 넣어 채운다.

초콜릿 타르트

TARTE AU CHOCOLAT

6인분

작업 시간
1시간

냉장
30분

조리
30분

보관
냉장고에서 48시간

도구
지름 22cm 타르트 링
핸드블렌더
전동 스탠드 믹서
파티스리용 밀대
체
주방용 전자 온도계

재료

파트 쉬크레
밀가루 125g
슈거파우더 50g
버터 50g
달걀 30g
소금 2g
바닐라 에센스 약간

초콜릿 크림 필링
액상 생크림
(유지방 35%) 70g
저지방 우유 70g
설탕 25g
다크 커버처 초콜릿
(카카오 70%) 135g
달걀 50g
달걀노른자 20g
바닐라 에센스 약간

글라사주
우유 25g
물 10g
설탕 10g
다크 커버처 초콜릿
(카카오 58%) 25g
갈색 글라사주
페이스트 25g

데커레이션
식용 금박

파트 쉬크레 PÂTE SUCRÉE
플랫비터를 장착한 전동 스탠드 믹서 볼에 미리 체에 쳐둔 밀가루와 슈거파우더를 넣는다. 여기에 버터를 넣고 혼합해 모래처럼 부슬부슬한 질감을 만든다. 다른 볼에 달걀, 바닐라 에센스, 소금을 섞은 뒤 부슬부슬한 반죽 혼합물에 넣어 섞는다. 혼합물을 작업대에 덜어낸 다음 손바닥 끝으로 조금씩 눌러 밀어준다(fraiser). 냉장고에 30분간 넣어둔다. 휴지가 끝난 반죽을 꺼내 밀대로 얇게 민 다음 타르트 링에 깔아준다. 170°C로 예열한 오븐에 타르트 크러스트만 먼저 20분 구워낸다.

초콜릿 크림 필링 APPAREIL À CRÈME PRISE
소스팬에 생크림, 우유, 설탕을 넣고 60°C까지 가열한다. 미리 녹여둔 커버처 초콜릿을 넣고 잘 섞는다. 달걀, 달걀노른자, 바닐라 에센스를 넣어준다. 핸드블렌더로 갈아 매끈한 크림을 만든다.

글라사주 GLAÇAGE DE FINITION
소스팬에 우유, 물, 설탕을 넣고 끓을 때까지 가열한다. 이것을 미리 작게 잘라둔 커버처 초콜릿과 글라사주 페이스트 위에 붓고 핸드블렌더로 갈아 혼합한다.

조립 MONTAGE
미리 구워낸 타르트 크러스트 안에 초콜릿 크림 필링을 채워 넣고 170°C 오븐에서 굽는다. 채운 크림의 가장자리가 살짝 부풀어오르기 시작하면 완성된 것이다(약 25분 소요). 꺼내서 식힌다. 글라사주 혼합물의 온도가 35°C로 떨어지면 식은 타르트 위에 부어 코팅한다.

데커레이션 DÉCOR
식용 금박을 한 조각 올려 완성한다.

초콜릿 수플레

SOUFFLÉ AU CHOCOLAT

8인분

작업 시간
45분

조리
20~25분

보관
즉시 서빙한다.

도구
거품기
작은 체망
수플레용 래므킨
(지름 9cm, 높이 4.5cm) 8개
전동 스탠드 믹서
체
주방용 전자 온도계

재료

크렘 파티시에
우유 400g
달걀 80g
설탕 80g
커스터드 분말 40g
카카오 페이스트 (카카오 100%) 60g

수플레
달걀흰자 300g
설탕 100g
무가당 코코아가루

크렘 파티시에 CRÈME PÂTISSIÈRE

소스팬에 우유를 넣고 끓인다. 믹싱볼에 달걀과 설탕을 넣고 걸쭉하고 뽀얗게 될 때까지 거품기로 휘저어 혼합한 뒤 커스터드 분말을 넣어 섞는다. 끓는 우유의 반을 이 혼합물에 붓고 거품기로 계속 저으며 풀어준다. 이것을 다시 소스팬으로 옮긴 다음 세게 저어 섞으며 끓을 때까지 가열한다. 크림이 다 익으면 카카오 페이스트를 넣고 잘 섞는다.

수플레 SOUFFLÉ

수플레용 래므킨 안쪽에 포마드 버터를 바르고 설탕을 묻혀둔다. 전동 스탠드 믹서 또는 손거품기를 이용해 달걀흰자의 거품을 올린다. 설탕을 조금씩 넣어가며 계속 거품기를 저어 머랭을 만든다. 이 머랭을 크렘 파티시에에 조금씩 넣어가며 알뜰주걱으로 살살 섞어준다.

조립 MONTAGE

수플레용 래므킨에 혼합물을 가득 채운 뒤 표면을 매끈하게 밀어준다. 손가락으로 용기 둘레를 한번 훑어 여분의 혼합물을 깔끔하게 제거한다. 180~200°C로 예열한 오븐에 넣어 20~25분간 굽는다. 중간에 오븐 문을 열지 말아야 수증기가 유지되어 수플레가 잘 부풀어오른다. 코코아가루를 솔솔 뿌린 뒤 바로 서빙한다.

셰프의 조언

설탕이 전혀 들어 있지 않은 100% 퓨어 카카오 페이스트를 사용한다.

초콜릿 마들렌
MADELEINES AU CHOCOLAT

마들렌 35개분

작업 시간
15분

조리
8분

휴지
12분

냉장
20~30분

보관
1주일. 랩으로 싸서 건조한 장소에 보관한다.

도구
스크레이퍼
거품기
메탈 마들렌 틀
짤주머니
마이크로플레인 그레이터
체

재료
달걀 300g
설탕 230g
꿀 70g
밀가루 260g
베이킹파우더 10g
무가당 코코아가루 30g
유기농 오렌지 1개
유기농 레몬 1개
소금 3g
녹인 버너 250g
다크 초콜릿 (카카오 64%) 50g

믹싱볼에 달걀, 설탕, 꿀을 넣고 띠 모양으로 흘러내리는 농도가 될 때까지 거품기로 휘저어 섞는다.

밀가루, 베이킹파우더, 코코아가루를 함께 체에 친다.

체에 친 가루 재료를 믹싱볼 안의 혼합물에 넣고 섞은 뒤 오렌지와 레몬 제스트, 소금을 넣어준다.

버터를 녹인다. 녹인 상태에서 식혀 사용한다.

초콜릿을 녹인 뒤 녹은 버터에 넣고 섞는다. 이것을 모두 믹싱볼 안의 혼합물에 넣어준다.

최소 12시간 휴지시킨 뒤 사용한다.

녹여 식힌 버터를 마들렌 틀에 조금 바른 뒤 밀가루를 묻힌다. 냉장고에 10~15분 넣어둔다.

짤주머니에 반죽 혼합물을 넣고 마들렌 틀의 각 칸에 3/4 정도씩 짜 넣는다. 다시 냉장고에 10~15분 넣어둔다.

240°C로 예열한 오븐에서 4분간 구운 뒤 온도를 180°C로 낮추고 4분간 더 구워낸다.

셰프의 조언

밀크 초콜릿을 이용해
같은 레시피로 만들어도 좋다.

너트 건과일 초콜릿 로셰

ROCHERS CHOCOLAT AUX FRUITS SECS

로셰 30~40개분

작업 시간
30분

굳히기
최소 1시간

보관
밀폐 용기에 넣어 2주

도구
시럽용 온도계

재료

캐러멜라이즈드 칼아몬드
설탕 150g
바닐라 빈 1줄기
물 40g
칼아몬드 500g
버터 20g

로셰 혼합 재료
캐러멜라이즈드 칼아몬드 (위 재료 참조) 600g
캔디드 오렌지 필 50g
건 크랜베리 50g
건살구 50g
다크 초콜릿 (카카오 64%) 350g
카카오버터 30g

캐러멜라이즈드 칼아몬드 BÂTONNETS D'AMANDES CARAMÉLISÉS
소스팬에 물, 설탕, 길게 갈라 긁은 바닐라 빈을 넣고 117°C까지 끓인다. 여기에 칼아몬드(속 껍질까지 벗긴 아몬드를 작은 막대 모양으로 썬 것)를 넣고 설탕이 부슬부슬하게 굳으면서 아몬드에 고루 입혀질 때까지 주걱으로 잘 저어 섞는다. 계속 저어주며 가열해 캐러멜라이즈한다. 아몬드가 타지 않도록 주의한다. 아몬드가 황금색으로 고루 캐러멜라이즈 되면 버터를 넣고 고루 저어 섞는다. 유산지를 깔아둔 베이킹 시트 위에 아몬드를 덜어내 넓게 펼쳐놓고 식힌다.

로셰 혼합 재료 MÉLANGE POUR ROCHERS
오븐을 50°C로 예열한다. 유산지를 깐 베이킹 시트 위에 캐러멜라이즈드 아몬드, 오렌지 필과 크랜베리, 건살구를 고루 펼쳐놓는다. 오븐 전원을 끈 다음 이것을 오븐에 넣고 따뜻하게 만든다. 다크 초콜릿을 템퍼링(p.28~32 테크닉 참조)한 다음 미리 31°C로 녹여둔 카카오버터를 넣고 섞는다. 아몬드와 건과일 재료를 모두 여기에 넣어준다. 모든 재료가 31°C 상태가 되어야 초콜릿이 제대로 굳으니 주의한다. 재료를 모두 혼합한다. 스푼으로 혼합물을 조금씩 떠 유산지를 깔아둔 베이킹 시트 위에 놓는다. 최소 1시간 동안 굳힌다.

셰프의 조언

• 건망고나 건포도 등 다른 건과일류를 사용해 레시피에 변화를 주어도 좋다.

• 아몬드 대신 콘플레이크를 사용해도 좋다. 단 콘플레이크는 캐러멜라이즈하지 않는다.

• 다크 초콜릿 대신 밀크 초콜릿이나 화이트 초콜릿을 사용해도 좋다.

초콜릿 빼빼로

MIKADO

빼빼로 50개분 (각 15g)

작업 시간
1시간

휴지
하룻밤

발효
20분

조리
16분

굳히기
10~15분

보관
밀폐 용기에 넣어 6~8일

도구
작은 체망
전동 스탠드 믹서
파티스리용 밀대
실리콘 패드

재료
밀가루 500g
헤이즐넛 오일 60g
소금 2g
제빵용 생 이스트 15g
물 250g
슈거파우더 60g

초콜릿 코팅
아몬드 분태 300g
다크 초콜릿
(카카오 64%) 또는
밀크, 화이트 초콜릿
750g

하루 전
전동 스탠드 믹서 볼에 밀가루와 오일, 소금, 이스트, 물을 넣고 반죽한다. 랩으로 씌운 뒤 냉장고에 하룻밤 넣어둔다.

당일
반죽을 5mm 두께로 민 다음 1 x 22cm 크기의 가는 띠 모양으로 잘라 유산지를 깐 베이킹 시트 위에 나란히 놓는다. 24~26°C 스팀 오븐에 넣거나 또는 전원을 끈 오븐에 끓는 물이 담긴 용기와 함께 넣은 상태에서 약 30분 동안 발효시킨다. 작은 체망을 이용해 슈거파우더를 솔솔 뿌린다. 160°C 오븐에서 16분간 굽는다. 식힌다. 논스틱 오븐팬에 아몬드 분태를 펼쳐놓고 150°C 오븐에 넣어 15분간 로스팅한다. 다크 커버처 초콜릿을 템퍼링한다(p.28~32 테크닉 참조). 빼빼로를 이 초콜릿에 3/4까지 담갔다 뺀 다음 로스팅한 아몬드 분태를 고루 뿌려 묻힌다. 유산지 또는 깨끗한 실리콘 패드 위에 놓고 굳힌다.

초콜릿 크림

PETITS POTS DE CRÈME AU CHOCOLAT

서빙 사이즈 용기
(각 125g) 6~7개분

작업 시간
30분

조리
40분

냉장
2시간

보관
냉장고에서 3일

도구
작은 유리볼
(용량 125g) 6개
주방용 전자 온도계

재료
우유(전유) 500g
다크 초콜릿
(카카오 70%) 160g
달걀노른자 120g
설탕 100g

소스팬에 우유를 넣고 50°C까지 데운다.

초콜릿을 잘게 썬 다음 볼에 넣고 그 위로 뜨거운 우유를 붓는다.

다른 볼에 달걀노른자와 설탕을 넣고 색이 뽀얗게 변할 때까지 거품기로 휘저어 섞는다. 이것을 녹인 초콜릿에 넣어 섞는다.

작은 유리볼에 채운다.

뜨거운 물을 넣은 바트 안에 크림이 담긴 유리볼을 넣고 150°C 오븐에서 약 40분간 중탕으로 익힌다.

식힌 뒤 냉장고에 약 2시간 정도 넣어두었다가 서빙한다.

초콜릿 에클레어
ÉCLAIRS AU CHOCOLAT

에클레어 15개분

작업 시간
1시간 30분

조리
30~40분

보관
만든 다음 날까지.
냉장보관

도구
거품기
식힘망
주방용 붓
짤주머니 + 지름 18mm 별모양 깍지 또는 지름 15mm 원형 깍지
체
주방용 전자 온도계

재료

슈 반죽
물 125ml
우유 125ml
소금 3g
설탕 10g
버터 100g
밀가루 150g
달걀 250g
정제버터 50g

초콜릿 크림
우유 500ml
액상 생크림 (유지방 35%) 500g
달걀노른자 4개분
달걀 2개
설탕 180g
밀가루 50g
커스터드 분말 50g
퓨어 카카오 페이스트 (카카오 100%) 70g
버터 50g

초콜릿 글라사주
설탕 100g
물 70g
글루코스 시럽 20g
흰색 퐁당 아이싱 500g
퓨어 카카오 페이스트 (카카오 100%) 150g

슈 반죽 PÂTE À CHOUX
소스팬에 물, 우유, 소금, 설탕, 작게 깍둑 썬 버터를 넣고 끓을 때까지 가열한다. 버터가 완전히 녹아야 한다. 불에서 내린 뒤 체에 친 밀가루를 한 번에 넣고 주걱으로 세게 휘저어 섞어 파나드(panade)를 만든다. 다시 약불에 올린 뒤 주걱으로 저어가며 수분을 날린다. 반죽이 소스팬에 더 이상 달라붙지 않아야 한다. 볼에 덜어낸다. 여기에 달걀을 조금씩 넣으며 주걱으로 잘 저어 섞어 매끈한 반죽을 만든다. 주걱으로 갈라보았을 때 반죽이 천천히 다시 붙어 닫히는 농도가 되면 적당하다. 너무 되면 달걀을 조금 추가해 조절한다. 원형 또는 별모양 깍지를 끼운 짤주머니에 반죽을 채운다. 미리 버터를 발라 둔 오븐팬 위에 14cm 길이 에클레어를 짜얹는다. 녹인 정제버터를 붓으로 에클레어 위에 발라준다. 180°C로 예열한 오븐에서 30~45분 굽는다. 다 익으면 꺼내서 식힘망 위에 올려둔다.

초콜릿 크림 CRÈME CHOCOLAT
크렘 파티시에를 만든다. 우선 소스팬에 우유와 생크림을 넣고 끓을 때까지 가열한다. 믹싱볼에 달걀노른자, 달걀, 설탕을 넣고 색이 뽀얗게 변할 때까지 거품기로 휘저어 섞는다. 이어서 체에 친 밀가루와 커스터드 분말을 넣는다. 소스팬의 뜨거운 우유, 생크림의 1/3을 믹싱볼 안의 혼합물에 붓고 잘 풀어주며 온도를 올린다. 이것을 다시 소스팬으로 옮겨 담은 뒤 거품기를 세게 휘저으며 섞는다. 계속 저어가며 1분간 끓인다. 불에서 내린 뒤 카카오 페이스트와 버터를 넣고 균일한 농도가 되도록 주걱으로 잘 저어 섞는다. 랩을 깐 베이킹 시트에 크림을 펼쳐놓는다. 그 위에 다시 랩을 밀착하여 씌운 다음 4°C 냉장고에 보관한다.

초콜릿 글라사주 GLAÇAGE CHOCOLAT
소스팬에 물, 설탕, 글루코스 시럽을 넣고 끓여 시럽을 만든다. 식힌다. 다른 소스팬에 흰색 퐁당 아이싱을 넣고 35°C까지 데운다. 미리 녹여둔 카카오 페이스트에 이 아이싱을 넣고 섞은 뒤 시럽을 넣어준다.

조립 MONTAGE
뾰족한 깍지를 이용해 에클레어 밑면에 구멍을 세 군데 뚫어준다. 차갑게 식은 초콜릿 크림을 짤주머니에 채운 뒤 이 구멍들을 통해서 에클레어 안에 짜 넣는다. 에클레어에 크림이 채워지면서 무거워짐을 느낄 수 있을 것이다. 35°C의 초콜릿 글라사주에 에클레어 윗면을 살짝 담갔다 뺀다.

초콜릿 프로피트롤

PROFITEROLES

약 8인분

작업 시간
2시간

조리
30~40분

냉장
3시간 20분

숙성
최소 3시간

보관
즉시 먹거나
밀폐 용기에 넣어
냉동실에서 1주

도구
체망
핸드블렌더
짤주머니 + 별모양 깍지
전동 스탠드 믹서
파티스리용 밀대
체
주방용 전자 온도계
아이스크림 메이커

재료

초콜릿 슈 반죽
우유 70g
물 60g
소금 1g
버터 50g
밀가루 60g
무가당 코코아가루 15g
달걀 150g

크라클랭 카카오
버터 50g
비정제 황설탕 50g
무가당 코코아가루 15g
밀가루 35g

화이트 초콜릿 아이스크림
물 540g
탈지분유 70g
전화당 80g
설탕 20g
아이스크림 안정제 5g
화이트 초콜릿 280g

초콜릿 소스
생크림
(유지방 35%) 125g
물 75g
설탕 95g
무가당 코코아가루 40g
글루코스 시럽 12g
다크 초콜릿
(카카오 70%) 95g

초콜릿 슈 반죽 PÂTE À CHOUX CHOCOLAT

소스팬에 우유, 물, 소금, 작게 깍둑 썬 버터를 넣고 끓을 때까지 가열한다. 불에서 내린 뒤 함께 체에 쳐둔 밀가루와 코코아가루를 넣고 주걱으로 세게 휘저어 섞는다. 다시 약불에 올린 뒤 주걱으로 저어가며 파나드(panade)의 수분을 날린다. 불에서 내린 뒤 달걀을 조금씩 넣으며 매끈한 반죽을 만든다. 주걱으로 갈라보았을 때 반죽이 천천히 다시 붙어 닫히는 농도가 되면 적당하다. 짤주머니에 반죽을 채운 뒤 미리 버터를 발라 둔 오븐팬 위에 지름 3~4cm 크기의 작은 슈를 짜놓는다.

크라클랭 카카오 CRAQUELIN CACAO

전동 스탠드 믹서 볼에 재료를 모두 넣고 플랫비터를 돌려 반죽한다. 반죽을 덜어내 두 장의 유산지 사이에 넣고 밀대로 최대한 얇게 민다. 냉장고에 20분 정도 넣어 휴지시킨 다음 슈의 크기와 같은 원형으로 잘라낸다. 이것을 슈 반죽 위에 하나씩 얹고 170°C 오븐에서 30~40분간 굽는다.

화이트 초콜릿 아이스크림 GLACE AU CHOCOLAT BLANC

소스팬에 물을 넣고 50°C까지 가열한다. 탈지분유와 전화당을 넣고 잘 섞는다. 설탕과 안정제를 넣고 잘 섞은 뒤 85°C에서 2분 정도 저으며 익힌다. 이 혼합물을 잘게 잘라둔 화이트 초콜릿 위에 붓는다. 체에 거른 다음 냉장고에 넣어 최소 3시간 숙성시킨다. 꺼내서 블렌더로 갈아 혼합한 뒤 아이스크림 메이커에 넣어 돌린다.

초콜릿 소스 SAUCE CHOCOLAT

소스팬에 생크림과 물, 설탕, 코코아가루, 글루코스 시럽을 넣고 끓인다. 이것을 작게 잘라놓은 다크 초콜릿에 붓고 매끈한 질감이 될 때까지 잘 저어 섞는다.

조립 MONTAGE

구워 식혀둔 슈를 위에서 1/3 되는 지점에서 가로로 자른다. 아이스크림 한 스쿱을 채워 얹은 다음 잘라둔 뚜껑 부분을 덮어준다. 서빙할 때까지 냉동실에 보관한다. 초콜릿 소스를 슈 위에 끼얹어 서빙한다(일인당 40g).

셰프의 조언

슈 안에 아이스크림을 미리 채워
냉동실에 보관했다 서빙해야 먹는 동안
너무 빨리 녹는 것을 방지할 수 있다.

초콜릿 머랭
MERINGUE AU CHOCOLAT

약 6~8개 분량

작업 시간
1시간

조리
2~3시간

보관
밀폐 용기에 넣어 2주

도구
스크레이퍼
전동 스탠드 믹서
체
실리콘 패드

재료
달걀흰자 200g
설탕 200g
슈거파우더 170g
코코아가루 40g

완성 재료
슈거파우더 20g
무가당 코코아가루 10g

전동 스탠드 믹서 볼에 달걀흰자를 넣고 거품을 올린다. 설탕을 조금씩 넣으며 계속 거품기를 돌려 쫀쫀하고 윤기나는 머랭을 만든다.

달걀흰자의 거품을 올린 뒤 체에 친 슈거파우더 170g과 코코아가루 40g을 넣고 알뜰주걱으로 조심스럽게 살살 섞는다.

실리콘 패드를 깔아둔 베이킹 시트 위에 머랭을 스크레이퍼로 조금씩 떠 놓는다. 나머지 슈거파우더와 코코아가루를 섞은 뒤 머랭 위에 솔솔 뿌려준다.

90C로 예열한 오븐에 넣어 최소 2시간 굽는다.

완성하기 FINITIONS
슈거파우더와 코코아가루를 섞은 뒤 머랭에 솔솔 뿌려 서빙한다.

플로랑탱

FLORENTINS

25개분

작업 시간
1시간

조리
20~30분

굳히기
최소 1시간

보관
2일. 밀폐용기에 넣어
서늘한 곳에 보관한다.

도구
스크레이퍼
초콜릿용 전사지
지름 6cm 원형 실리콘
판형틀
짤주머니

재료
버터 200g
설탕 210g
잡화꿀 170g
액상 생크림
(유지방 35%) 120g
아몬드 슬라이스 315g
카카오닙스 80g
캔디드 레몬 필
(작게 깍둑 썬다) 100g
다크 초콜릿
(카카오 58%) 200g

소스팬에 버터, 설탕, 꿀, 생크림을 넣고 혼합물이 균일하고 걸쭉해질 때까지 끓인다.

여기에 아몬드를 넣고 깨지지 않도록 너무 많이 저어 섞지 않는다. 이어서 카카오닙스와 캔디드 레몬 필을 넣어준다.

원형 틀 안에 혼합물을 얇게 한 켜 채워 넣는다.

180°C로 예열한 오븐에 넣고 캐러멜라이즈될 때까지 굽는다.

꺼내서 식힌 후 틀에서 빼낸다.

다크 초콜릿을 녹여 템퍼링한다(p.28~32 테크닉 참조). 어느 정도 걸쭉해질 때까지 식힌 다음 짤주머니에 채워 넣는다. 초콜릿용 전사지 위에 간격을 넉넉히 두고 조금씩 동그랗게 짜놓는다. 그 위에 캐러멜라이즈되도록 구워낸 원반형 너트 과자의 평평한 면이 밑으로 오도록 얹어놓는다. 밑에 짜놓은 초콜릿이 가장자리로 조금 올라오도록 살짝 눌러준다.

최소 1시간 동안 굳힌다.

셰프의 조언

다크 초콜릿을 밀크 초콜릿이나
화이트 초콜릿 200g으로 대체해도 좋다.

밀크 초콜릿 마카롱
MACARONS CHOCOLAT AU LAIT

마카롱 12개분

작업 시간
1시간 45분

냉장
3시간

조리
15분

보관
3~4일

도구
거품기
핸드블렌더
짤주머니 + 지름 8mm 또는 10mm 원형 깍지
푸드 프로세서
전동 스탠드 믹서
실리콘 패드
주방용 전자 온도계

재료

마카롱 코크
코크
아몬드가루 85g
무가당 코코아가루 15g
슈거파우더 100g
달걀흰자 40g
크리스피 푀유틴 약간
이탈리안 머랭
물 30g
설탕 100g
달걀흰자 40g

밀크 초콜릿 가나슈
액상 생크림 (지방 35%) 90g
글루코스 시럽 15g
밀크 초콜릿 (카카오 35%) 140g

마카롱 코크 COQUES DE MACARONS
믹싱볼에 아몬드가루, 코코아가루, 슈거파우더를 넣고 섞는다. 이것을 푸드 프로세서에 넣고 온도가 오르지 않도록 잠깐씩 끊어주며 분쇄기를 돌려 밀가루와 같은 상태를 만든다. 다른 볼에 달걀흰자 40g을 따로 덜어둔다.

이탈리안 머랭 MERINGUE ITALIENNE
소스팬에 물과 설탕을 넣고 116~121°C까지 끓여 시럽을 만든다. 시럽의 온도가 110°C에 달했을 때 전동 스탠드 믹서 거품기를 고속으로 돌려 달걀흰자의 거품을 올린다. 시럽이 원하는 온도에 달하면 거품을 내고 있는 달걀흰자에 세 번에 나누어 가늘게 재빨리 부어준다. 2분간 휘저어 섞은 뒤 거품기를 중간 속도로 줄이고 머랭의 온도가 식을 때까지 계속 돌려준다. 머랭의 온도가 50°C까지 떨어지면 가루 혼합물을 넣고 알뜰주걱으로 섞는다. 이어서 달걀흰자 40g을 넣어준다. 알뜰주걱을 밑에서 위로 들어 올리며 계속 섞어준다. 혼합물의 부피가 좀 꺼지고 주걱으로 떠 올렸을 때 굵은 띠처럼 흘러 떨어지는 농도가 될 때까지 마카로나주 작업을 계속한다. 혼합물을 짤주머니에 넣은 뒤 실리콘 패드를 깐 베이킹 시트(상온) 위에 마카롱 코크를 짜놓는다. 코크 위에 크리스피 푀유틴을 조금씩 뿌려 얹는다. 베이킹 시트를 살짝 들어 작업대에 탁 하고 놓아 마카롱 코크의 표면을 매끈하게 해준다. 145~150°C로 예열한 오븐에 넣어 15분간 굽는다

밀크 초콜릿 가나슈 GANACHE AU CHOCOLAT AU LAIT
소스팬에 생크림과 글루코스 시럽을 넣고 35°C까지 가열한다. 그동안 밀크 초콜릿을 중탕으로 35°C까지 녹인다. 데운 생크림을 녹인 밀크 초콜릿 위에 붓고 알뜰주걱으로 조심스럽게 섞어 매끈한 가나슈를 만든다. 랩을 씌워둔 베이킹 시트 위에 가나슈를 붓고 다시 그 위에 랩을 밀착시켜 덮은 뒤 냉장고에 최소 1시간 넣어둔다.

조립 MONTAGE
지름 8mm 또는 10mm 원형 깍지를 끼운 짤주머니에 가나슈를 채워 넣는다. 한 개의 마카롱 코크 위에 가나슈를 짜놓은 뒤 다른 한 개의 코크를 얹고 가나슈가 가장자리까지 오도록 살짝 눌러준다. 냉장고에 최소 2시간 보관한 후에 먹는다.

다크 초콜릿 마카롱

MACARONS CHOCOLAT NOIR

마카롱 12개분

작업 시간
2시간 10분

굳히기
5분

냉장
3시간

조리
15분

보관
3~4일

도구
샤블롱 스텐실 매트
(지름 4cm 원형)
스패출러
짤주머니 + 지름 8mm
또는 10mm 원형 깍지
실리콘 패드
주방용 전자 온도계

재료
마카롱 코크 24개
(p.218 레시피 참조)

다크 초콜릿 가나슈
액상 생크림
(지방 35%) 115g
꿀 12g
다크 커버처 초콜릿
(카카오 65%) 115g

초콜릿 디스크 토핑
다크 커버처 초콜릿
(카카오 65%) 250g

마카롱 코크 COQUES DE MACARONS
마카롱 코크를 만든다(p.218 레시피 참조).

다크 초콜릿 가나슈 GANACHE CHOCOLAT NOIR
소스팬에 생크림과 꿀을 넣고 35°C까지 가열한다. 그동안 다크 초콜릿을 중탕으로 35°C까지 녹인다. 데운 생크림을 녹인 다크 초콜릿 위에 붓고 알뜰주걱으로 조심스럽게 섞어 매끈한 가나슈를 만든다. 랩을 씌워둔 베이킹 시트 위에 가나슈를 붓고 다시 그 위에 랩을 밀착시켜 덮은 뒤 냉장고에 30~40분간 넣어둔다.

초콜릿 디스크 토핑 PALETS EN CHOCOLAT
다크 초콜릿을 템퍼링한다(p.28~32 테크닉 참조). 스텐실을 실리콘 패드 위에 놓는다. 30°C의 초콜릿을 샤블롱 스텐실의 원형 공간에 붓는다. 스패출러로 밀어 여분의 초콜릿을 훑어낸 다음 5분간 굳힌다.

조립 MONTAGE
지름 8 또는 10mm 원형 깍지를 끼운 짤주머니에 가나슈를 채워 넣는다. 한 개의 마카롱 코크 위에 가나슈를 짜놓은 뒤 다른 한 개의 코크를 얹고 가나슈가 가장자리까지 오도록 살짝 눌러준다. 마카롱 윗면에 녹인 초콜릿을 조금 바른 뒤 원형으로 만들어놓은 초콜릿 토핑을 하나씩 얹어 붙인다. 냉장고에 최소 2시간 보관한 후에 먹는다.

초콜릿 플랑
FLAN AU CHOCOLAT

8인분

작업 시간
45분

냉장
1시간

냉동
30분

조리
45분

보관
냉장고에서 24시간

도구
지름 20cm, 높이 4.5cm 무스링
거품기
전동 스탠드 믹서
파티스리용 밀대
체

재료

카카오 파트 브리제
달걀노른자 20g
우유 35g
밀가루(T55) 135g
버터 110g
설탕 20g
소금 1자밤
무가당 코코아가루 15g

플랑 혼합물
저지방우유 500g
액상 생크림 (지방 35%) 150g
달걀노른자 120g
설탕 130g
밀가루(T55) 20g
옥수수전분 25g
다크 초콜릿 (카카오 70%) 150g

카카오 파트 브리제 PÂTE BRISÉE CACAO
달걀노른자와 우유를 섞는다. 플랫비터를 장착한 전동 스탠드 믹서 볼에 밀가루, 작게 썬 상온의 버터, 설탕, 소금, 코코아가루를 넣는다. 플랫비터를 돌려 재료가 모래처럼 부슬부슬한 질감이 될 때까지 섞은 다음 달걀노른자와 우유 혼합물을 넣고 계속 섞어 균일한 반죽을 만든다. 반죽을 꺼내 둥글게 뭉친 뒤 랩으로 싸고 손바닥으로 눌러 넓적한 원반형을 만든다. 이렇게 하면 둥근 공 모양 덩어리보다 더 빨리 냉장고에서 식힐 수 있다. 냉장고에 최소 1시간 동안 넣어둔다. 무스링 안쪽에 버터를 얇게 발라둔다. 작업대와 반죽에 덧 밀가루를 뿌린 뒤 2~3mm 두께로 민다. 유산지나 실리콘 패드 위에 무스링을 놓고 얇게 민 반죽을 바닥과 내벽에 대어준다. 플랑 혼합물을 준비하는 동안 링에 앉힌 반죽 시트를 냉동실에 넣어둔다.

플랑 혼합물 APPAREIL À FLAN
컨벡션 오븐을 170°C로 예열한다. 소스팬에 우유와 생크림을 넣고 가열한다. 믹싱볼에 달걀노른자와 설탕을 넣고 거품기로 휘저어 섞는다. 함께 체에 친 밀가루와 옥수수전분을 여기에 넣고 잘 섞는다. 우유와 생크림이 끓기 시작하면 일부를 믹싱볼의 혼합물에 붓고 거품기로 잘 저어 풀어주며 온도를 높인다. 이것을 다시 소스팬으로 옮겨 담은 뒤 중불에 올리고 거품기로 계속 저어주며 가열한다. 플랑 혼합물이 되직해지면서 끓기 시작하면 불에서 내린다. 작게 잘라둔 다크 초콜릿을 넣고 잘 섞는다. 이 혼합물을 반죽 시트에 부어 채운다. 스패출러로 표면을 매끈하게 밀어 정리한 다음 170°C 오븐에서 45분간 굽는다.

오븐에서 꺼낸 플랑은 식으면서 공기가 빠져 조금 주저앉게 된다. 링을 제거한 뒤 냉장고에 넣어둔다.

초콜릿 릴리지외즈

RELIGIEUSE AU CHOCOLAT

16개분

작업 시간
1시간

조리
30~45분

굳히기
20분

보관
냉장고에서 48시간

도구
초콜릿용 전사지
거품기
짤주머니 + 지름
10mm, 15mm
원형 깍지
체
주방용 전자 온도계

재료

슈 반죽
물 250g
소금 3g
설탕 5g
버터 100g
밀가루 150g
달걀 250g

초콜릿 크렘 파티시에
우유(전유) 1리터
설탕 200g
바닐라 빈 1줄기
달걀노른자 160g
옥수수전분 45g
밀가루 45g
버터 100g
다크 초콜릿
(카카오 50%) 90g

완성 재료
초콜릿 퐁당 아이싱
300g
다크 초콜릿
(카카오 50%) 50g

슈 반죽 PÂTE À CHOUX
소스팬에 물, 우유, 소금, 설탕, 작게 깍둑 썬 버터를 넣고 완전히 녹이며 끓을 때까지 가열한다. 불에서 내린 뒤 체에 친 밀가루를 한 번에 넣고 주걱으로 세게 휘저어 섞어 파나드(panade)를 만든다. 다시 약불에 올리고 주걱으로 저어가며 수분을 날린다. 반죽이 소스팬 벽에 더 이상 달라붙지 않아야 한다. 믹싱볼에 덜어낸다. 풀어놓은 달걀을 여기에 조금씩 넣으며 주걱으로 잘 저어 섞어 매끈한 반죽을 만든다. 주걱을 이용해 반죽의 농도를 체크한다. 주걱으로 가운데를 갈랐을 때 반죽이 천천히 제자리로 붙으며 닫히면 적당한 상태이다. 농도가 너무 되면 달걀을 조금 추가해 조절한다.

릴리지외즈 반죽 짜기 DRESSAGE DES RELIGIEUSES
미리 버터를 발라둔 오븐팬 위에 깍지를 끼운 짤주머니를 이용해 지름 5cm의 슈(베이스 몸통 부분) 16개, 지름 2.5cm의 작은 슈(헤드 부분) 16개를 짜놓는다. 슈 위에 녹인 정제버터를 붓으로 발라준다. 180°C로 예열한 오븐에서 30~45분 굽는다. 다 익으면 꺼내서 식힘망 위에 올려둔다.

초콜릿 크렘 파티시에 CRÈME PÂTISSIÈRE AU CHOCOLAT
크렘 파티시에를 만든다(p.52 테크닉 참조). 불에서 내린 뒤 잘게 썬 초콜릿을 넣고 잘 섞는다.

초콜릿 퐁당 아이싱 FONDANT AU CHOCOLAT
소스팬에 초콜릿 퐁당 아이싱을 넣고 약불에서 37°C까지 천천히 가열한다.

초콜릿 스퀘어 CARRÉS DE CHOCOLAT
초콜릿을 템퍼링한다(p.28~32 테크닉 참조). 초콜릿용 전사지 위에 붓고 스패출러를 이용해 2~3mm로 펼쳐놓는다. 20분 정도 굳힌 뒤 사방 3cm 정사각형 16개로 자른다.

조립 MONTAGE
짤주머니를 이용해 모든 슈 안에 초콜릿 크렘 파티시에를 채워 넣는다. 각 슈의 윗부분을 초콜릿 퐁당에 살짝 담가 아이싱을 입혀준다. 여분의 초콜릿 아이싱을 손가락으로 깔끔하게 훑어낸다. 큰 슈 위에 초콜릿 스퀘어를 한 장씩 얹고 그 위에 작은 슈를 올린다.

셰프의 조언

슈를 굽는 동안 중간에 오븐 문을
잠깐 열어 수증기가 빠져나가도록 한다.

초콜릿 카늘레

CANELÉS AU CHOCOLAT

12개분

작업 시간
15분

냉장
하룻밤

조리
1시간

보관
24시간. 밀폐 용기에 넣어 서늘한 곳에 둔다.

도구
식물성 왁스 또는 밀랍
거품기
지름 5.5cm 카늘레 동틀
주방용 붓
체
주방용 전자 온도계

재료
우유(전유) 420g
바닐라 빈 1줄기
다크 초콜릿(카카오 70~80%) 125g
설탕 150g
꿀 50g
달걀 110g
달걀노른자 40g
밀가루(T45) 20g
옥수수전분 20g
럼 60g

소스팬에 우유와 길게 갈라 긁은 바닐라 빈을 넣고 50°C까지 데운다.

잘게 자른 초콜릿을 뜨거운 우유에 넣고 녹인다.

믹싱볼에 설탕, 꿀, 달걀, 달걀노른자를 넣고 거품기로 휘저어 섞는다.

여기에 함께 체에 친 밀가루와 전분을 넣고 잘 섞어 균일한 반죽을 만든다.

초콜릿 녹인 우유를 식혀 넣고 거품기로 잘 저어 섞는다. 럼을 첨가한다. 냉장고에 넣어 하룻밤 휴지시킨다.

다음 날, 카늘레 틀 안쪽에 밀랍을 붓으로 얇게 발라준다.

반죽 혼합물을 거품기로 저어 다시 섞어준 다음 카늘레 틀에 0.5cm를 남기고 채워준다. 바로 230~240°C로 예열한 오븐에 넣어 약 20분 구운 뒤 온도를 190°C로 내리고 40분간 더 구워낸다.

오븐에서 꺼내자마자 틀에서 빼낸 뒤 식힘망에 올린다.

메르베유
MERVEILLEUX

12개분

작업 시간
1시간

조리
2~3시간

보관
밀폐 용기에 넣어
냉장고에서 48시간

도구
거품기
짤주머니 + 지름
10mm 원형 깍지
전동 스탠드 믹서
체
실리콘 패드
주방용 전자 온도계

재료

초콜릿 머랭
달걀흰자 100g
설탕 100g
슈거파우더 85g
무가당 코코아가루 25g

초콜릿 무스
다크 커버처 초콜릿
(카카오 70%) 300g
버터 112g
달걀노른자 135g
달걀흰자 240g
설탕 30g

데커레이션
다크 커버처 초콜릿
(카카오 58%) 200g
무가당 코코아가루

초콜릿 머랭 MERINGUE CHOCOLAT
전동 스탠드 믹서 볼에 달걀흰자를 넣고 거품을 올린다. 설탕을 넣으며 계속 거품기를 돌려 단단하고 매끈한 머랭을 만든다. 슈거파우더와 코코아가루를 함께 체에 친 다음 머랭에 넣고 알뜰주걱으로 살살 섞어준다. 원형 깍지를 끼운 짤주머니에 채워 넣는다. 실리콘 패드를 깐 베이킹 시트 위에 지름 6cm 원형 24개를 짜놓는다. 90°C 오븐에서 최소 2시간 굽는다.

초콜릿 무스 MOUSSE AU CHOCOLAT
초콜릿과 버터를 중탕으로 40°C까지 녹인다. 다른 볼에 달걀노른자를 넣고 띠 모양으로 흘러내릴 때까지 거품기로 휘저어 풀어준다. 전동 스탠드 믹서 볼에 달걀흰자를 넣고 거품을 올린다. 설탕을 넣으며 계속 거품기를 돌려 단단하고 매끈하게 거품을 올린다. 달걀노른자와 거품 올린 흰자를 주걱으로 살살 섞어준다. 이 혼합물의 1/3을 녹인 초콜릿과 버터에 넣고 잘 섞는다. 전부 균일하게 섞이면 나머지 달걀 혼합물을 넣고 무스 농도가 될 때까지 잘 섞는다. 짤주머니에 채워 넣는다.

조립 MONTAGE
12개의 원형 머랭 위에 초콜릿 무스를 꽃모양으로 빙 둘러 짜놓는다. 그 위에 다른 머랭을 한 개 올린다. 남은 초콜릿 무스를 가토의 둘레와 윗면에 짜 덮어준다. 냉장고에 넣어 굳힌다. 그동안 데커레이션용 초콜릿 컬 셰이빙을 만든다 (p.114 테크닉 참조). 초콜릿 컬 셰이빙으로 둘레와 윗면에 보기 좋게 장식한 다음 코코아가루를 솔솔 뿌린다.

초콜릿 마시멜로
GUIMAUVE AU CHOCOLAT

6인분

작업 시간
30분

굳히기
하룻밤

보관
밀폐 용기에 넣어 2주

도구
사방 16cm, 높이 3cm
정사각형 프레임
초콜릿용 디핑포크
전동 스탠드 믹서
주방용 전자 온도계

재료

마시멜로
다크 초콜릿
(카카오 70%) 130g
물 70g + 35g
젤라틴 가루 16g
꿀 70g + 90g
설탕 200g

초콜릿 코팅
다크 초콜릿
(카카오 70%) 100g
무가당 코코아가루 20g

마시멜로 GUIMAUVE
잘게 썬 초콜릿을 내열 볼에 넣고 중탕으로 45°C까지 녹인다. 전동 스탠드 믹서 볼에 젤라틴 가루와 찬물 70g을 넣고 적신 다음 꿀 90g을 넣는다. 소스팬에 물 35g과 설탕, 나머지 꿀 70g을 넣고 끓인다. 이것을 믹싱볼 안의 꿀과 젤라틴 위에 부은 뒤 거품기로 돌린다. 혼합물이 띠 모양으로 흘러내리는 상태가 될 때까지 거품기로 돌려 섞는다. 여기에 35~40°C로 살짝 식은 초콜릿을 넣어준다. 기름을 살짝 바른 스텐 프레임을 유산지 위에 올려놓는다. 여기에 혼합물을 붓고 2cm 두께로 펼쳐놓는다. 하룻밤 동안 굳힌 다음 사방 3cm 크기의 정사각형을 자른다.

코팅 ENROBAGE
잘게 썬 다크 초콜릿을 내열 볼에 넣고 중탕으로 녹인 다음 템퍼링한다(p.28~32 테크닉 참조). 디핑포크를 이용하여 마시멜로 큐브를 초콜릿에 중간까지만 담갔다 빼 코팅한다. 마시멜로를 코코아가루에 굴려 고루 묻힌다.

초콜릿 크레프
CRÊPES AU CHOCOLAT

크레프 30장

작업 시간
15분

휴지
하룻밤

조리
크레프 한 장당 약 3분

보관
즉시 서빙한다.

도구
거품기
국자
크레프용 팬
체

재료
밀가루(T55) 240g
무가당 코코아가루 40g
달걀 200g
설탕 100g
소금 4g
액상 생크림
(유지방 35%) 200g
바닐라 빈 2줄기
저지방우유 1380g

완성 재료
슈거파우더

믹싱볼에 체에 친 밀가루와 코코아가루를 넣는다.

달걀을 한 개씩 넣어가며 거품기로 잘 저어 섞는다.

이어서 설탕, 소금, 생크림, 길게 갈라 긁은 바닐라 빈을 넣고 잘 섞는다.

마지막으로 우유를 부으며 계속 거품기로 저어 뭉친 덩어리가 없도록 잘 풀어준다.

냉장고에 하룻밤 넣어 휴지시킨다.

팬을 뜨겁게 달구고 기름을 살짝 바른 뒤 반죽 혼합물을 국자로 떠 얇게 펼쳐 놓는다.

크레프를 뒤집어 양면을 고루 익힌다.

다 익은 크레프를 접시에 겹쳐놓고 슈거파우더를 솔솔 뿌린다.

초콜릿 캐러멜

CARAMELS AU CHOCOLAT

캐러멜(각 15g) 80개분

작업 시간
20분

휴지
2시간

조리
10분

보관
밀폐 용기에 넣어 2주

도구
사방 20cm, 높이 1.5cm 정사각형 프레임
캔디포장용 투명 비닐 (papier cristal)
실리콘 패드
주방용 전자 온도계

재료
액상 생크림 (지방 35%) 275g
글루코스 시럽 110g
소금(플뢰르 드 셀) 6g
설탕 510g
버터 275g
다크 초콜릿 (카카오 66%) 60g

소스팬에 생크림과 글루코스 시럽, 소금을 넣고 끓을 때까지 가열한다.

다른 소스팬에 설탕만 넣고 가열해 진한 갈색의 캐러멜을 만든다.

뜨거운 생크림을 캐러멜에 조심스럽게 부어 더 이상 끓는 것을 중지시킨다.

혼합물을 거품기로 저어가며 다시 135°C까지 가열한다.

불에서 내린 뒤 버터를 조금씩 넣으며 균일한 질감이 되도록 계속 저어가며 섞는다. 이어서 작게 잘라둔 초콜릿을 넣고 잘 섞는다.

실리콘 패드 위에 정사각 프레임을 놓고 뜨거운 초콜릿 캐러멜을 붓는다. 상온에서 2시간 동안 식힌다.

캐러멜을 원하는 크기의 직사각형으로 자른 뒤 사각거리는 캔디 포장용 비닐로 한 개씩 포장한다.

셰프의 조언

혼합물을 다시 135℃까지 다시 가열할 때 계속 저어주지 않으면 소스팬 바닥의 캐러멜이 탈 수 있으니 주의한다.

초콜릿 누가
NOUGAT AU CHOCOLAT

12개분

작업 시간
1시간

휴지
12~24시간

보관
2개월. 랩으로 싸서 밀폐 용기에 넣어 둔다.

도구
12 x 18cm, 높이 4cm 사각형 프레임
빵 나이프
전동 스탠드 믹서
파티스리용 밀대
실리콘 패드
시럽용 온도계

재료
달걀흰자 75g
물 190g
설탕 525g
글루코스 시럽 135g
꿀 375g
다크 초콜릿 (카카오 70%) 375g
아몬드 60g
헤이즐넛 60g
피스타치오 60g
캔디드 오렌지 필 (작게 깍둑 썬다) 60g
누가용 라이스 페이퍼 시트(feuilles azyme) 2장

전동 스탠드 믹서 볼에 달걀흰자를 넣고 부드러운 기포가 일 때까지 거품을 올린다.

소스팬에 물, 설탕, 글루코스 시럽을 넣고 145°C까지 끓인다.

다른 큰 소스팬에 꿀(끓으면 부풀어 올라 넘칠 수 있으니 주의한다)을 넣고 끓인다. 120°C에 달하면 거품 낸 달걀흰자에 붓고 섞는다. 이어서 145°C로 끓인 시럽을 넣어준다. 계속해서 15분간 거품기를 돌려 섞는다.

다크 초콜릿을 중탕으로 녹인다. 45°C로 녹인 초콜릿을 믹싱볼 안의 누가 반죽 혼합물에 넣고 플랫비터를 돌려 잘 섞어준다.

오븐을 50°C로 예열한다. 유산지를 깐 베이킹 시트 위에 견과류 재료와 작게 썬 캔디드 오렌지 필을 펼쳐놓는다. 예열해둔 오븐을 끈 다음 이 베이킹 시트를 오븐에 넣어 따뜻한 온도로 만든다. 35°C가 되면 누가 혼합물에 넣고 재빨리 섞어준다. 견과류 재료가 부서지지 않도록 너무 많이 휘젓지 않는다.

실리콘 패드 위에 누가용 라이스 페이퍼를 깔고 그 위에 사각형 프레임을 놓는다. 누가 혼합물을 바로 프레임 틀 안에 흘려 넣어 가득 채운다. 누가용 라이스 페이퍼를 한 장 덮어준다. 그 위에 유산지를 한 장 올린 뒤 밀대로 표면을 평평하게 밀어준다. 가장자리로 밀려나온 여분의 누가 혼합물을 깔끔하게 잘라낸다. 습기가 없는 서늘한 장소에서 24시간 동안 식히고 건조시킨다.

24시간이 지난 후 사각 프레임과 누가 사이에 칼날을 넣고 훑어 분리해준 뒤 틀을 제거한다.

날에 요철이 있는 빵 나이프를 이용해 12 x 1.5cm 크기의 막대 모양으로 자른다. 즉시 캔디 포장용 비닐 또는 주방용 랩으로 한 개씩 싸서 보관한다.

프티 가토

초콜릿 캐러멜 볼
SPHÈRES

약 10개분

작업 시간
1시간 30분

조리
10~15분

냉장
3시간

냉동
2시간

굳히기
30~45분

보관
냉장고에서 48시간

도구
전동 핸드믹서
나무 꼬챙이
체망
핸드블렌더
반구형 틀(20구)
주방용 붓
짤주머니
체
주방용 전자 온도계

재료

스펀지 레이어
달걀노른자 90g
설탕 145g
달걀흰자 125g
무가당 코코아가루 34g

솔티드 버터 캐러멜
설탕 120g
액상 생크림
(유지방 35%) 120g
버터 90g
소금(플뢰르 드 셀) 1g

초콜릿 휩드 가나슈
액상 생크림(유지방
35%) 250g + 450g
글루코스 시럽(물엿)
30g
전화당 20g
다크 초콜릿
(카카오 66%) 190g

코팅
카카오버터 300g
다크 초콜릿
(카카오 66%) 300g

글라사주
물 150g
설탕 400g
코코아가루 150g
액상 생크림
(유지방 35%) 280g
판 젤라틴 16g

완성 재료
팝콘 100g
식용 금가루 10g

스펀지 레이어 BISCUIT
볼에 달걀노른자, 설탕 분량의 반을 넣고 색이 뽀얗게 변할 때까지 거품기로 휘저어 섞는다. 믹싱볼에 달걀흰자를 넣고 전동 핸드믹서를 돌려 거품을 올린다. 나머지 설탕 분량을 넣어가며 쫀쫀하고 매끄럽게 계속 거품을 올린다. 체에 친 코코아가루를 달걀노른자 혼합물에 넣고 섞는다. 여기에 거품 올린 흰자를 넣고 주걱으로 살살 섞어준다. 유산지를 깐 베이킹 팬(40 x 30cm) 위에 반죽을 펼쳐놓고 210°C 오븐에서 11분간 굽는다. 스펀지 시트를 식힌 다음 원형 커터를 이용해 지름 4cm 원형으로 잘라낸다.

솔티드 버터 캐러멜 CARAMEL BEURRE SALÉ
소스팬에 설탕을 넣고 가열해 캐러멜을 만든다(최대 175~180°C). 미리 뜨겁게 데워 둔 생크림을 조금씩 넣으며(튈 우려가 있으니 조심한다) 주걱으로 잘 저어 캐러멜이 더 이상 끓는 것을 중지시킨다. 불에서 내린 뒤 버터를 조금씩 넣어 섞고 소금을 넣어준다. 다시 불에 올린 뒤 109°C까지 가열한다. 식힌 다음 거품기로 가볍게 저어 섞어 짤주머니에 채우기 좋은 농도로 만든다.

초콜릿 휩드 가나슈 GANACHE MONTÉE CHOCOLAT
소스팬에 생크림 250g과 글루코스 시럽, 전화당을 넣고 끓인다. 이것을 미리 잘게 썰어둔 초콜릿 위에 붓고 거품기로 저어 매끈하게 균일하게 섞는다. 나머지 생크림 450g을 넣고 잘 섞은 뒤 냉장고에 최소 3시간 넣어둔다.

코팅 ENROBAGE
초콜릿과 카카오버터를 35°C로 녹여둔다(p.94 테크닉 참조).

글라사주 GLAÇAGE
찬물이 담긴 볼에 판 젤라틴을 담가 불린다. 소스팬에 물과 설탕을 넣고 106°C까지 끓여 시럽을 만든 뒤 체에 쳐둔 코코아가루를 넣는다. 생크림을 끓인 다음 코코아 시럽에 조심스럽게 넣고 잘 섞는다. 혼합물의 온도가 60°C까지 떨어지면 물을 꼭 짠 젤라틴을 넣고 잘 저어 녹인다. 매끈하게 체에 걸러준다.

조립 MONTAGE
가나슈를 냉장고에서 꺼내 거품기로 살짝 휘저어 휘핑한다. 짤주머니를 이용해 반구형 틀에 반 정도 채워 넣는다. 솔티드 버터 캐러멜을 짤주머니에 넣고 틀에 채운 가나슈 안에 짜 넣는다. 그 위에 원형으로 잘라둔 스펀지 시트를 한 장 얹는다. 가시 가나슈를 한 켜 짜 얹어 반구형 틀을 가득 채운 다음 두 번째 원형 스펀지 시트를 올린다. 단단하게 굳을 때까지 냉동실에 2시간 정도 넣어둔다. 틀에서 분리한 다음 10개의 반구형 모양 위에 가나슈를 조금씩 놓는다. 그 위에 다른 반구형을 하나씩 덮어 붙여 구형을 만든다. 나무 꼬챙이로 찌른 뒤 코팅 혼합물에 담갔다 뺀다. 5분 정도 굳힌 뒤 글라사주 혼합물에 담가 입힌다. 팝콘을 식용 금가루에 굴려 고루 묻힌 다음 초콜릿 볼 표면에 군데군데 뿌려준다.

초콜릿 라즈베리 핑거

FINGER CHOCOBOISE

약 10개분

작업 시간
1시간 30분

조리
20분

냉장
3시간 30분

냉동
1시간

보관
냉장고에서 48시간

도구
사방 16cm, 높이 4.5cm 정사각형 프레임
이쑤시개
거품기
핸드블렌더
스패출러
짤주머니 + 생토노레 깍지
전동 스탠드 믹서
체
주방용 전자 온도계

재료

카카오 스펀지 레이어
아몬드 페이스트 (아몬드 50%) 100g
달걀노른자 50g
달걀 35g
설탕 20g + 25g
잡화꿀 10g
달걀흰자 60g
카카오 페이스트 (카카오 100%) 25g
버터 25g
밀가루 25g
무가당 코코아가루 15g

라즈베리 콩피
라즈베리 퓌레 150g
설탕 40g
옥수수전분 6g
판 젤라틴 3g

초콜릿 무스
판 젤라틴 2.5g
우유(전유) 100g
밀크 초콜릿 150g
액상 생크림 (유지방 35%) 160g

초콜릿 휩드 가나슈
액상 생크림(유지방 35%) 100g + 450g
글루코스 시럽(물엿) 30g
전화당 25g
라즈베리 퓌레 100g
밀크 초콜릿 (카카오 40%) 350g

코팅
밀크 커버처 초콜릿 (카카오 40%) 500g
밀크 초콜릿 글라사주 페이스트 200g
포도씨유 50g
카카오버터 100g

완성 재료
밀크 초콜릿 (카카오 40%) 150g

데커레이션
생 라즈베리 100g
마이크로 허브 Atsina® Cress 20g
다크 초콜릿 (카카오 64%) 30g

카카오 스펀지 레이어 BISCUIT CACAO
아몬드 페이스트를 내열용기에 넣어 전자레인지에 가열하거나 중탕으로 50°C까지 데운다. 전동 스탠드 믹서 볼에 아몬드 페이스트를 넣고 달걀노른자, 달걀을 조금씩 넣어가며 플랫비터를 돌려 풀어준다. 설탕 20g과 꿀을 조금씩 넣어가며 섞는다. 플랫비터를 빼고 거품기 핀을 장착한 다음 혼합물이 띠 모양으로 흘러내리는 농도가 될 때까지 돌려 섞어준다. 다른 믹싱볼에 달걀흰자와 나머지 설탕 25g을 넣고 단단하게 거품을 올린다. 소스팬에 카카오 페이스트와 버터를 넣고 45°C까지 가열해 녹인다. 거품 올린 달걀흰자의 반과 녹인 카카오 페이스트, 버터 혼합물을 섞은 다음 아몬드 페이스트 혼합물을 넣어준다. 거품 낸 달걀흰자의 남은 분량을 넣고 잘 섞은 뒤 미리 체에 친 밀가루와 코코아가루를 넣어준다. 유산지를 깐 베이킹 팬 위에 정사각형 프레임을 놓고 혼합물을 부어 채운다. 180°C 오븐에서 15~20분간 굽는다.

라즈베리 콩피 CONFIT FRAMBOISE
소스팬에 라즈베리 퓌레를 넣고 가열한다. 설탕과 옥수수전분을 첨가한다. 끓을 때까지 가열해 걸쭉해지면 미리 찬물에 불려 꼭 짠 젤라틴을 넣고 잘 저어 녹인다. 카카오 스펀지가 식으면 프레임 안에 그대로 둔 상태로 라즈베리 콩피를 전부 흘려 넣는다. 냉장고에 30분 정도 넣어 굳힌다.

초콜릿 무스 MOUSSE AU CHOCOLAT
우유를 데운 뒤 찬물에 불려 물을 꼭 짠 젤라틴을 넣어 녹인다. 뜨거운 우유를 잘게 썬 초콜릿 위에 붓고 블렌더로 갈아 매끈한 가나슈를 만든다. 생크림을 부드러운 거품이 생길 때까지 휘핑한다. 가나슈의 온도가 18°C까지 떨어지면 휘핑한 생크림과 섞어준다. 이 초콜릿 무스를 프레임 안의 라즈베리 콩피 위에 부어 틀 높이 끝까지 채운다. 냉동실에 1시간 동안 넣어 굳힌다.

초콜릿 휩드 가나슈 GANACHE MONTÉE CHOCOLAT
소스팬에 생크림 100g과 글루코스 시럽, 전화당, 라즈베리 퓌레를 넣고 끓인다. 이것을 잘게 썰어둔 초콜릿 위에 붓고 거품기로 저어 매끈하고 균일하게 섞어준다. 나머지 생크림 450g을 넣고 잘 섞은 뒤 냉장고에 최소 3시간 넣어둔다.

코팅 ENROBAGE
초콜릿과 글라사주 페이스트를 중탕으로 35°C까지 녹인 다음 포도씨유를 첨가한다. 다른 볼에 카카오 버터를 중탕으로 40°C까지 녹인다. 녹인 초콜릿에 넣고 잘 섞어준다.

조립 MONTAGE
프레임 안의 케이크를 11 x 1.5cm의 핑거 크기로 잘라준다. 냉동하여 굳은 무스 표면에 이쑤시개 2개를 찔러 넣은 뒤 윗면만 제외하고 초콜릿 코팅 혼합물에 담갔다 뺀다. 라즈베리 초콜릿 가나슈를 거품기로 가볍게 휘핑한다. 휩드 가나슈를 생토노레 깍지를 끼운 짤주머니에 채운 뒤 각 핑거 케이크 위에 짜 얹는다. 반으로 자른 생 라즈베리를 보기 좋게 얹고 다크 초콜릿 데커레이션(p.110 데커레이션 참조)을 올린다. 마이크로 허브(Atsina® Cress)를 조금 얹어 장식한다.

커피 레몬 밀크 초콜릿 케이크

CAFÉ CITRON CHOCOLAT AU LAIT

약 10개분

작업 시간
1시간 30분

조리
1시간

냉장
하룻밤

냉동
1시간

보관
냉장고에서 48시간

도구
전동 핸드믹서
지름 1cm, 높이 6cm
원형 쿠키커터
체망
아이스크림 스쿱
핸드블렌더
L자 스패출러
짤주머니 + 지름
10mm 원형 깍지
케이크용 투명 띠지
파티스리용 밀대
체
실리콘 패드
주방용 전자 온도계

재료

커피 무스
커피 원두 200g
액상 생크림(유지방
35%) 1리터 + 500g
젤라틴 가루 12g
물 72g
밀크 초콜릿
(카카오 40%) 400g

**초콜릿 레이디 핑거
비스퀴**
밀크 초콜릿
(카카오 40%) 250g
버터 90g
달걀노른자 200g
설탕 80g + 40g
달걀흰자 350g
밀가루 60g
전분 60g
핫 코코아믹스 가루
40g

레몬 크레뫼
달걀 250g
설탕 225g
레몬즙 150g
버터 275g
젤라틴 가루 5g
물 30g

초콜릿 글라사주
설탕 150g
물 65g
글루코스 시럽(물엿)
150g
무가당연유 100g
젤라틴 가루 10g
물 60g
밀크 초콜릿
(카카오 40%) 150g

데커레이션
밀크 초콜릿
(카카오 40%) 150g
커피 원두 10알

커피 무스 MOUSSE AU CAFÉ

하루 전날. 유산지를 깐 오븐팬 위에 커피 원두를 펼쳐 깔고 150°C 오븐에 넣어 약 10분간 로스팅한다. 꺼내서 식힌 다음 밀대를 이용해 굵직하게 부순다. 이것을 차가운 생크림에 넣고 냉장고에 넣어 하룻밤 향을 우려낸다.

다음 날. 커피 향이 우러난 생크림을 체에 거른다. 커피를 꾹꾹 눌러 최대한 향을 추출해낸다. 이것을 계량한 다음 필요한 경우 생크림을 추가하여 총 720g을 만든다. 커피 향 크림 400g을 45°C까지 가열한 다음 물에 적신 젤라틴을 넣고 섞는다. 이것을 미리 중탕으로 40°C까지 녹여둔 밀크 초콜릿에 붓고 잘 저어 섞어 매끈한 가나슈를 만든다. 나머지 생크림 320g을 넣고 섞어 온도를 16~18°C까지 내린다. 전동 거품기를 사용해 나머지 생크림 500g을 부드럽게 휘핑한 다음 식은 가나슈에 넣고 알뜰주걱으로 살살 섞어준다. 짤주머니에 채워 냉장고에 넣어둔다.

초콜릿 레이디핑거 비스퀴 BISCUIT CUILLÈRE CHOCOLAT

소스팬에 잘게 썬 밀크 초콜릿과 버터를 넣고 약 40°C까지 녹인다. 볼에 달걀노른자와 설탕 80g을 넣고 색이 뽀얗게 변할 때까지 거품기로 휘저어 섞은 뒤 녹인 초콜릿과 버터에 넣고 혼합한다. 믹싱볼에 달걀흰자를 넣고 거품기를 돌린다. 나머지 설탕을 넣어가며 거품기를 돌려 단단한 머랭을 만든다. 밀가루, 전분, 코코아믹스 파우더를 체에 친다. 달걀노른자 혼합물을 거품 낸 흰자에 넣고 알뜰주걱으로 돌리듯 살살 섞는다. 이어서 체에 친 가루 재료를 넣어준다. 실리콘 패드를 깐 오븐팬에 혼합물을 붓고 약 1cm 두께로 펼쳐놓는다. 200°C로 예열한 오븐에 넣어 8~10분간 굽는다. 구워 낸 다음 식힘망 위에 올리고 냉장고에 20분 정도 넣어둔다. 10 x 3cm 크기의 띠 모양으로 자르고 원형 커터를 이용해 지름 1cm의 동그란 조각을 찍어낸다.

레몬 크레뫼 CRÉMEUX CITRON

볼에 달걀과 설탕을 넣고 색이 뽀얗게 변하고 걸쭉해질 때까지 거품기로 휘저어 섞은 다음 레몬즙을 첨가한다. 이것을 전부 소스팬에 옮겨 담고 계속 거품기로 저으며 끓을 때까지 가열한다. 불에서 내린 뒤 버터를 넣어 섞는다. 물에 적셔둔 젤라틴을 넣고 잘 저어 섞어준다. 핸드블렌더로 갈아 크리미한 질감이 되도록 혼합한다. 짤주머니에 채워 넣은 뒤 사용 시까지 냉장고에 보관한다.

초콜릿 글라사주 GLAÇAGE CHOCOLAT

소스팬에 설탕을 넣고 중불로 가열해 캐러멜을 만든다. 다른 소스팬에 물(65g)과 글루코스 시럽을 끓인 다음 캐러멜에 조심스럽게 부어 더 이상 끓는 것을 중지시킨다. 계량한 뒤 필요한 경우 물을 추가해 총 265g을 만든다. 볼에 무가당 연유, 물(60g)에 적셔둔 젤라틴을 넣고 잘 섞는다. 여기에 캐러멜과 글루코스 시럽 혼합물을 붓고 잘 저어 섞어준다. 초콜릿을 중탕으로 녹인다. 초콜릿 온도가 35°C에 달하면 연유, 캐러멜 혼합물에 붓고 핸드블렌더로 갈아 혼합한다. 이 글라사주는 30°C 상태에서 사용한다.

데커레이션 DÉCOR

원하는 모양의 데커레이션용 초콜릿을 만든다(p.110 데커레이션 참조).

조립 MONTAGE

지름 3cm 링 안쪽 벽에 투명 띠지를 대준다. 띠 모양으로 잘라둔 레이디 핑거 스펀지 시트를 링 안에 빙 두르고 지름 1cm로 잘라둔 스펀지 시트를 바닥에 놓는다. 레몬 크레뫼를 스펀지 높이만큼 짜 넣은 뒤 커피 무스를 링 높이 끝까지 짜 넣어 채운다. 냉동실에 1시간 동안 넣어둔다. 윗면에 글라사주를 입힌 뒤 링을 제거한다. 레몬 크레뫼를 맨 위에 짜 얹고 초콜릿 데커레이션과 커피 원두를 올려 마무리한다.

파인애플 화이트 초콜릿 케이크

PINEAPPLE AU CHOCOLAT BLANC

10개분

작업 시간
1시간 30분

냉장
1시간

냉동
하룻밤

조리
10분

보관
밀폐 용기에 넣어
냉장고에서 2일

도구
사방 20cm, 높이
4.5cm 정사각형
프레임
지름 5cm, 높이 4.5cm
무스링
핸드블렌더
지름 3cm 납작한 원반
모양 실리콘
판형틀
파티스리용
스프레이 건
짤주머니 + 생토노레
깍지
마이크로플레인
그레이터
케이크용 투명 띠지
L자 스패출러
체
실리콘 패드
주방용 전자 온도계

재료

아몬드 스펀지 레이어
화이트 초콜릿 25g
아몬드가루 90g
슈거파우더 60g
전분 5g
달걀흰자 65g + 70g
설탕 15g
액상 생크림
(유지방 35%) 35g

파인애플 젤리
파인애플 퓌레 95g
라임 퓌레 15g
설탕 12g
전분 6g
젤라틴 가루 4g
물 20g

바닐라 화이트 초콜릿 무스
액상 생크림(유지방
35%) 120g + 250g
바닐라 빈 1줄기
화이트 초콜릿 120g
젤라틴 가루 2.5g
물 15g

파인애플 콩포트
파인애플 200g
라임 2개
황설탕 75g
팔각 2개
바닐라 빈 1줄기
럼 40g

무색 미루아르 글라사주
젤라틴 가루 2g
물 18g + 12g
설탕 45g
글루코스 시럽(물엿)
30g
라임 1개
바닐라 빈 1줄기

벨벳 스프레이 혼합물
화이트 초콜릿 150g
카카오버터 150g
코코넛 슈레드 20g

아몬드 스펀지 레이어 BISCUIT AMANDES

화이트 초콜릿을 중탕으로 약 40°C까지 가열해 녹인다. 볼에 아몬드가루, 슈거파우더, 전분과 달걀흰자 65g을 섞는다. 나머지 달걀흰자 70g에 설탕을 넣어가며 거품기를 돌려 단단한 머랭을 만든다. 이것을 가루 재료와 달걀흰자 혼합물에 넣고 주걱으로 살살 섞어준다. 이 혼합물의 일부를 녹인 화이트 초콜릿에 넣고 먼저 잘 섞은 뒤 나머지도 전부 넣어준다. 실리콘 패드를 깐 베이킹 팬 위에 정사각형 케이크 프레임을 놓고 혼합물을 부어 넣는다. 200°C 오븐에서 약 8~10분간 굽는다. 오븐에서 꺼내 바로 식힘망 위에 올린 뒤 냉장고에 최소 20분간 넣어둔다.

파인애플 젤리 GELÉE ANANAS

소스팬에 파인애플 퓌레와 라임 퓌레, 설탕, 전분을 넣고 계속 저어가며 끓인다. 미리 물에 적셔둔 젤라틴을 넣고 잘 섞는다. 원반형 틀에 약 1cm 높이로 부어 채운 뒤 냉장고에 30분간 넣어 식힌다.

바닐라 화이트 초콜릿 무스 MOUSSE VANILLE CHOCOLAT BLANC

소스팬에 생크림 120g과 길게 갈라 긁은 바닐라 빈을 넣고 가열한다. 끓기 시작하면 작게 잘라둔 화이트 초콜릿에 붓고 잘 섞어 매끈한 가나슈를 만든다. 미리 물에 적셔둔 젤라틴을 넣고 잘 섞는다. 나머지 생크림 250g을 거품기로 휘저어 부드럽게 휘핑한다. 가나슈의 온도가 약 20°C로 떨어지면 휘핑한 크림을 넣고 알뜰주걱으로 살살 혼합한다.

파인애플 콩포트 COMPOTÉE D'ANANAS

파인애플 과육을 사방 1cm 큐브 모양으로 썬다. 그레이터로 갈아낸 라임 제스트와 라임즙을 파인애플에 넣는다. 소스팬에 황설탕을 넣고 가열해 캐러멜을 만든다. 캐러멜이 황금색이 나면 팔각, 길게 갈라 긁은 바닐라 빈, 썰어둔 파인애플을 넣어준다. 파인애플에서 나오는 수분이 졸아들 때까지 끓인다. 마지막에 럼을 넣고 불을 붙여 플랑베한 뒤 알코올을 날린다. 원반형 실리콘 틀에 깔아둔 파인애플 젤리 위에 이 콩포트를 1cm 두께로 채워 넣는다. 냉동실에 가능하면 하룻밤 넣어둔다.

무색 미루아르 글라사주 GLAÇAGE MIROIR NEUTRE

젤라틴 가루에 물 18g을 넣어 적신다. 소스팬에 설탕, 글루코스 시럽, 물 12g을 넣고 끓여 시럽을 만든다. 그레이터에 갈아둔 레몬 제스트와 길게 갈라 긁어낸 바닐라 빈 가루를 넣어준다. 핸드 블렌더로 갈아 혼합한다. 물에 적셔둔 젤라틴을 넣고 잘 섞는다. 냉장고에 넣어 1시간 동안 식힌다.

벨벳 스프레이 혼합물 APPAREIL À PISTOLET

카카오버터와 화이트 초콜릿을 각각 중탕으로 35°C까지 가열해 녹인 다음 둘을 함께 블렌더로 갈아 혼합한다. 혼합물을 50°C까지 가열한 다음 체에 걸러 스프레이 건 안에 채워 넣는다.

조립 MONTAGE

지름 5cm 무스링 안쪽 벽에 투명 띠지를 대준다. 바닐라 화이트 초콜릿 무스를 약 5mm 두께로 바닥과 옆면에 짜 넣은 다음 아몬드 스펀지를 원형으로 잘라내 바닥에 놓는다. 그 위에 원반형으로 굳힌 파인애플 젤리와 콩포트를 얹고 무스를 짜 덮어준다. L자 스패출러로 표면을 밀어 깔끔하게 다듬는다. 냉동실에 2시간 동안 넣어둔다. 생토노레 깍지를 끼운 짤주머니에 나머지 무스를 채운 다음 유산지를 깐 베이킹 팬 위에 데커레이션 모양으로 짜 놓는다. 냉동실에 넣어 2시간 동안 굳힌다. 이 데커레이션에 스프레이를 분사해 벨벳 질감의 효과를 낸다. 프티 가토의 링을 제거한 다음 그릴망 위에 놓고 글라사주 혼합물을 부어 입힌다. 글라사주가 굳으면 유산지 위로 옮겨놓고 스패출러를 이용해 코코넛 슈레드를 바닥 둘레에 묻힌다. 벨벳 스프레이를 코팅한 무스 장식을 각 케이크에 올린 다음 파인애플 젤리를 조금씩 얹어 완성한다.

초콜릿 큐브 케이크
CARRÉMENT CHOCOLAT

8인분

작업 시간
3시간

냉장
2시간

냉동
2시간

조리
15~20분

굳히기
45분

보관
냉장고에서 48시간

도구
30 x 40cm 사각형 프레임
핸드블렌더
초콜릿용 전사지 (5 x 3cm)
사방 5cm, 높이 5cm 정사각형 틀
실리콘 패드
주방용 전자 온도계

재료

초콜릿 스펀지
달걀 250g
달걀노른자 115g
설탕 65g
전화당 100g
다크 커버처 초콜릿 (카카오 60~65%) 125g
버터 190g
낙화생유 20g
밀가루 115g

초콜릿 가나슈
액상 생크림 (유지방 35%) 310g
전화당 20g
다크 초콜릿(카카오 60~65%) 265g
버터 60g

크리스피 초콜릿 레이어
다크 초콜릿 (카카오 60%) 75g
버터 40g
프랄린 페이스트 70g
헤이즐넛 페이스트 40g
크리스피 푀유틴 35g
소금(플뢰르 드 셀) 1.5g

초콜릿 무스
우유 320g
전화당 25g
다크 커버처 초콜릿 (카카오 60~65%) 430g
프랄린 페이스트 70g
젤라틴 가루 7g
물 42g
액상 생크림 (유지방 35%) 560g

초콜릿 글라사주
액상 생크림 (유지방 35%) 190g
글루코스 시럽(물엿) 95g
무가당 코코아가루 72g
생수 100g
설탕 260g
전화당 28g
젤라틴 가루 15g
물 90g

데커레이션
사방 3cm 정사각형 모양의 얇은 초콜릿 8조각
사방 4cm 정사각형 모양의 얇은 초콜릿 8조각
식용 금가루 10g
키르슈 10g

초콜릿 스펀지 BISCUIT CHOCOLAT
믹싱볼에 달걀, 달걀노른자, 설탕, 전화당을 넣고 전동 거품기를 돌려 걸쭉하고 부드러운 질감이 되도록 휘핑한다. 내열 볼에 초콜릿, 버터, 식용유를 넣고 중탕으로 녹인다. 잘 저어 섞는다. 이것을 달걀 혼합물에 넣고 밀가루를 첨가한다. 균일한 질감이 되도록 잘 섞어준다. 실리콘 패드를 깐 베이킹 팬 위에 30 x 40cm 크기의 사각형 프레임을 놓은 뒤 반죽 혼합물을 흘려 넣는다. 160°C 오븐에서 15분간 굽는다.

초콜릿 가나슈 GANACHE CHOCOLAT
커버처 초콜릿을 중탕으로 40°C까지 가열해 녹인다. 소스팬에 생크림과 전화당을 넣고 끓을 때까지 가열한 다음 녹여둔 초콜릿에 붓고 잘 저어 섞는다. 작게 잘라둔 버터를 넣고 핸드블렌더로 갈아 혼합한다. 초콜릿 스펀지 위에 직접 부어 펼쳐놓은 뒤 냉장고에 45분간 넣어 굳힌다. 프레임 틀을 제거한 뒤 냉장고에 보관한다.

크리스피 초콜릿 레이어 CROUSTILLANT CHOCOLAT
커버처 초콜릿과 버터를 중탕으로 40°C까지 가열해 녹인다. 프랄린 페이스트와 헤이즐넛 페이스트를 전동 거품기로 혼합한 다음 크리스피 푀유틴과 소금을 넣고 잘 섞는다. 여기에 녹인 초콜릿을 넣고 잘 섞어준다. 30 x 40cm 크기의 다른 사각형 프레임 안에 펼쳐놓은 뒤 냉장고에 30분 정도 넣어둔다. 굳혀둔 초콜릿 스펀지와 가나슈를 이 크리스피 초콜릿 레이어 위에 올려놓는다.

초콜릿 무스 MOUSSE AU CHOCOLAT
뜨겁게 데운 우유와 전화당을 다져놓은 초콜릿에 붓고 잘 섞어 가나슈 베이스를 만든다. 핸드블렌더로 갈아 매끈하고 균일하게 혼합한다. 가나슈의 온도가 35°C 정도로 떨어지면 휘핑한 생크림을 넣고 알뜰주걱으로 살살 섞어준다.

초콜릿 글라사주 GLAÇAGE CHOCOLAT
소스팬에 생크림과 글루코스 시럽을 넣고 따뜻하게 데운(끓으면 안 된다) 다음 코코아가루를 넣어준다. 물과 설탕을 110°C까지 끓여 시럽을 만든다. 코코아를 넣은 생크림에 이 시럽을 부어 섞는다. 물에 적셔둔 젤라틴을 넣고 잘 녹이며 섞는다. 핸드블렌더로 갈아 혼합한 뒤 전화당을 첨가한다. 냉장고에 보관한다. 이 글라사주 혼합물은 32~35°C 상태로 다시 데워서 사용한다.

조립 MONTAGE
크리스피, 스펀지, 가나슈 층으로 이루어진 케이크 베이스를 사방 4.5cm 정사각형으로 자른다. 짤주머니를 이용해 초콜릿 무스를 작은 정사각형 틀 바닥부터 중간 높이까지 채우고 안쪽 벽에도 둘러 짜 넣는다. 잘라놓은 정사각형 케이크를 이 틀의 무스 안에 넣어준다. 조심스럽게 박듯이 넣어 무스가 틀의 가장자리 끝으로 넘치듯이 올라오도록 한다. 냉동실에 최소 2시간 넣어둔다. 냉동된 케이크를 틀에서 분리한 다음 그릴망 위에 놓고 초콜릿 글라사주를 부어 입힌다. 식용 금가루를 키르슈에 개어준다. 전사지 조각을 금가루에 담가 묻힌 다음 초콜릿에 가는 금색 선을 찍어준다. 나머지 초콜릿 무스를 조금씩 묻혀 얇은 초콜릿 스퀘어 장식을 윗면과 옆면에 붙인다. 아몬드를 한 알씩 얹어 장식한다.

초콜릿 슈
CHOUX CHOC

8인분

작업 시간
3시간

조리
55분

냉장
3시간

냉동
2시간

굳히기
30~45분

보관
냉장고에서 48시간

도구
체망
핸드블렌더
지름 6cm, 깊이 1.5cm 원반형 실리콘 틀(8구)
짤주머니 + 지름 15cm 원형 깍지
실리콘 패드
지름 6cm, 깊이 3cm 원반형 실리콘 틀(8구)
주방용 전자 온도계

재료

초콜릿 슈 반죽
우유(전유) 120g
버터 50g
설탕 2g
고운 소금 2g
밀가루(T55) 50g
무가당 코코아가루 15g
달걀 120g

크라클랭 카카오
밀가루 90g
무가당 코코아가루 15g
설탕 90g
버터 75g

카카오 파트 쉬크레
버터 125g
슈거파우더 90g
달걀 40g
밀가루(T55) 180g
아몬드가루 25g
무가당 코코아가루 25g

크리스피 잣 레이어
카카오버터 6g
밀크 초콜릿 (카카오 40%) 55g
잔두야 70g
아몬드 페이스트 (아몬드 50%) 35g
로스팅한 잣 25g
라이스 크런치 20g
크리스피 푀유틴 35g

녹차 꿀 무스
액상 생크림(유지방 35%) 115g + 290g
녹차 잎 3g
달걀노른자 30g
꿀 20g
젤라틴 가루 5g
물 30g

초콜릿 크레뫼
다크 초콜릿(카카오 64~66%) 105g
또는 밀크 초콜릿 (카카오 40%) 125g
우유(전유) 100g
액상 생크림 (유지방 35%) 100g
달걀노른자 30g
설탕 50g

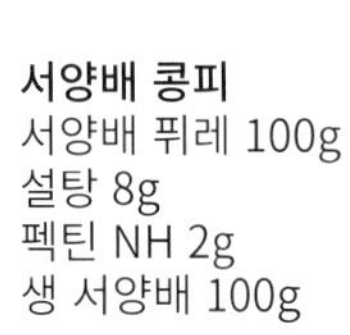

서양배 콩피
서양배 퓌레 100g
설탕 8g
펙틴 NH 2g
생 서양배 100g

초콜릿 글라사주
액상 생크림 (유지방 35%) 190g
글루코스 시럽(물엿) 95g
코코아가루 72g
생수 100g
설탕 260g
전화당 28g
젤라틴 가루 15g
물 90g

데커레이션
다크 초콜릿(카카오 60%) 200g
서양배 1개
녹차 잎 약간
식용 금박

초콜릿 슈 반죽 PÂTE À CHOUX CHOCOLAT
소스팬에 우유, 버터, 소금, 설탕을 넣고 끓을 때까지 가열한다. 불에서 내린 뒤 함께 체에 쳐둔 밀가루와 코코아가루를 넣고 주걱으로 세게 휘저어 섞는다. 다시 약불에 올린 뒤 주걱으로 저어가며 파나드(panade)의 수분을 날린다. 믹싱볼에 덜어내고 달걀을 조금씩 넣으며 섞어 매끈한 반죽을 만든다. 지름 15mm 원형 깍지를 끼운 짤주머니에 반죽을 채운 뒤 실리콘 패드를 깐 오븐팬 위에 지름 4cm 슈를 짜놓는다.

크라클랭 카카오 CRAQUELIN CACAO
재료를 모두 섞는다. 반죽을 두 장의 유산지 사이에 넣고 약 2mm 두께로 민다. 냉동실에 20분간 넣어둔다. 꺼내서 지름 4cm 원형 쿠키커터로 잘라낸다. 슈 위에 하나씩 올린 뒤 180°C 오븐에서 35분간 굽는다.

카카오 파트 쉬크레 PÂTE SUCRÉE CACAO
재료를 모두 섞어 반죽을 만든 뒤 3mm 두께로 민다. 지름 4cm 원형 쿠키커터로 잘라낸 다음 175°C 오븐에서 20분간 굽는다.

크리스피 잣 레이어 CROUSTILLANT AUX PIGNONS
카카오버터, 밀크 초콜릿, 잔두야를 중탕으로 녹인 다음 아몬드 페이스트를 넣어 섞는다. 여기에 잣, 라이스 크런치, 크리스피 푀유틴을 넣고 살살 섞어준다. 지름 6cm 원반형 실리콘 틀(깊이 1.5cm) 안에 채워 넣고 굳힌다.

녹차 꿀 무스 MOUSSE AU THÉ VERT-MIEL
소스팬에 생크림 115g을 넣고 50°C로 데운 뒤 녹차를 넣고 5분간 향을 우려낸다. 체에 거른다. 여기에 꿀을 넣고 끓을 때까지 가열한다. 풀어놓은 달걀노른자에 이 뜨거운 생크림 일부를 붓고 잘 섞은 뒤 다시 소스팬으로 옮긴다. 혼합물을 주걱으로 계속 저으며 다시 83°C까지 가열한다. 주걱을 들어 올렸을 때 묽게 흐르지 않고 묻는 농도가 되어야 한다. 불에서 내린 뒤 물에 적셔두었던 젤라틴을 넣고 섞는다. 이 크렘 앙글레즈를 25°C로 식힌다. 나머지 생크림 290g을 부드럽게 휘핑한 다음 식은 크렘 앙글레즈에 넣고 주걱으로 살살 섞어준다. 바로 지름 6cm, 깊이 3cm 원반형 틀 안에 무스를 약 1cm 두께로 채워 넣는다. 굳은 크리스피 잣 레이어를 그 위에 올린다. 냉동실에 최소 2시간 넣어둔다. 틀에서 분리한 다음 글라사주를 입힌다.

초콜릿 크레뫼 CRÉMEUX AU CHOCOLAT
내열 볼에 초콜릿(다크 또는 밀크)을 넣고 중탕으로 35~40°C까지 가열해 녹인다. 소스팬에 우유, 생크림과 설탕 분량의 반을 넣고 끓을 때까지 가열한다. 믹싱볼에 달걀노른자와 나머지 설탕을 넣고 색이 뽀얗게 변할 때까지 거품기로 휘저어 섞는다. 여기에 끓는 우유, 생크림을 조금 붓고 거품기로 잘 저어 섞은 뒤 다시 소스팬으로 모두 옮겨 담는다. 주걱으로 계속 저으며 83~85°C까지 가열한다. 주걱을 들어 올렸을 때 혼합물이 묽게 흐르지 않고 묻어 있는 농도가 되어야 한다. 녹인 초콜릿에 이 크렘 앙글레즈를 세 번에 나누어 붓고 섞은 다음 핸드블렌더로 몇 초간 갈아 매끈하게 혼합한다. 혼합물을 넓은 용기에 흘려 넣은 뒤 랩을 밀착되게 덮어 냉장고에 최소 3시간 넣어둔다.

서양배 콩피 CONFIT DE POIRE
서양배 퓌레를 뜨겁게 데운 뒤 미리 펙틴가루와 섞어둔 설탕을 넣어준다. 끓을 때까지 가열한 다음 불에서 내린다. 냉장고에 2시간 동안 넣어 완전히 식힌다. 생 서양배 과육을 사방 5mm 크기로 작게 깍둑 썰어 식은 퓌레에 넣어준다.

데커레이션 DÉCOR
초콜릿을 템퍼링한다(p.28~32 테크닉 참조). 지름 7cm, 4cm 두 종류의 얇은 원형 데커레이션을 각각 8장씩 만든다(p.110 데커레이션 참조).

초콜릿 글라사주 GLAÇAGE CHOCOLAT
소스팬에 생크림과 글루코스 시럽을 넣고 따뜻하게 데운 뒤 코코아가루를 넣는다. 다른 소스팬에 물과 설탕을 넣고 110°C까지 끓여 시럽을 만든다. 이 시럽을 생크림 혼합물에 붓는다. 물에 적셔둔 젤라틴을 넣어준다. 핸드블렌더로 살짝 갈아 혼합한 다음 전화당을 넣어 섞는다. 냉장고에 넣어둔다.

조립 MONTAGE
슈의 밑 부분을 가로로 조금 잘라낸 다음 짤주머니로 초콜릿 크레뫼를 중간 높이까지 짜넣는다. 그 위에 서양배 콩피를 끝까지 채워 넣는다. 이 슈를 각각 원형 파트 쉬크레 위에 엎어놓는다. 파트 쉬크레 위에 지름 7cm 얇은 원형 초콜릿을 얹는다. 글라사주를 입힌 무스를 그 위에 놓고 지름 4cm 얇은 원형 초콜릿을 올린다. 사방 1cm 큐브 모양으로 자른 서양배를 한 개씩 얹은 뒤 찻잎을 조금 곁들여놓는다. 식용 금박을 한 조각씩 올려 장식한다.

특별한 케이크 레시피

블랙포레스트 케이크

FORÊT-NOIRE

6~8인분

작업 시간
1시간 30분

조리
20분

냉장
30분

보관
냉장고에서 24시간

도구
거품기
셰프나이프
지름 18cm 케이크 틀
스패출러
L자 스패출러
주방용 붓
짤주머니 + 지름 15mm 원형 깍지
전동 스탠드 믹서
주방용 전자 온도계

재료

초콜릿 제누아즈
달걀 100g
설탕 62g
밀가루 50g
옥수수전분 6g
무가당 코코아가루 6g

체리 향 시럽
물 50g
설탕 50g
체리즙(그리오틴, 아마레나) 50g
광천수 25g

휩드 가나슈
액상 생크림 (유지방 35%) 92g
전화당 8g
다크 커버처 초콜릿 (카카오 58%) 30g

바닐라 샹티이 크림
액상 생크림 (유지방 35%) 300g
슈거파우더 30g
바닐라 에센스 2g

완성 재료
그리요틴 체리 150g
초콜릿 컬 셰이빙

초콜릿 제누아즈 GÉNOISE AU CHOCOLAT

내열 볼에 달걀과 설탕을 넣고 중탕 냄비 위에 올린 뒤 거품기로 휘저어준다. 온도가 45°C 이상 올라가지 않도록 주의한다. 혼합물을 주걱으로 떠올렸을 때 띠 모양으로 흘러내리는 농도가 될 때까지 거품기로 계속 휘저어 섞는다. 밀가루, 전분, 코코아가루를 넣고 섞는다. 제누아즈 스펀지 반죽을 지름 18cm 원형 케이크 틀 안에 채운 뒤 180°C 오븐에서 20분간 굽는다.

체리 향 시럽 SIROP D'IMBIBAGE

소스팬에 모든 재료를 넣고 끓여 시럽을 만든다.

휩드 가나슈 GANACHE MONTÉE

소스팬에 생크림 30g과 전화당을 넣고 끓인다. 여기에 다크 커버처 초콜릿을 넣고 잘 섞어 녹인 뒤 핸드블렌더로 갈아 매끈한 가나슈를 만든다. 식힌다. 전동 스탠드 믹서 볼에 식은 초콜릿 가나슈와 차가운 상태의 나머지 생크림을 붓고 크리미한 농도가 될 때까지 거품기를 돌려 휘핑한다.

바닐라 샹티이 크림 CHANTILLY À LA VANILLE

전동 스탠드 믹서 볼에 재료를 모두 넣고 거품기로 휘핑해 가볍고 크리미한 샹티이 크림을 만든다.

조립 MONTAGE

제누아즈 스펀지 케이크를 가로로 3등분한다. 첫 번째 제누아즈 시트에 붓으로 시럽을 발라 적신 다음 스패출러로 가나슈를 펼쳐놓는다. 그 위에 그리요틴 체리를 고루 얹어준다. 이어서 두 번째 제누아즈 시트를 올리고 시럽을 발라 적신 후 샹티이 크림을 한 켜 펴놓는다. 마지막 제누아즈 시트를 올리고 시럽을 발라 적신 다음 샹티이 크림으로 전체를 덮어준다. 냉장고에 30분간 넣어두었다가 꺼내 초콜릿 컬 셰이빙으로 옆 둘레와 윗면을 장식한다.

셰프의 조언

이 케이크는 틀을 사용하지 않고 조립한다.

오페라
OPÉRA

6~8인분

작업 시간
2시간

조리
8분

냉장
1시간

보관
냉장고에서 48시간

도구
핸드블렌더
주방용 붓
전동 스탠드 믹서
주방용 전자 온도계
사방 12cm, 높이 2.5cm 정사각형 케이크 프레임

재료

비스퀴 조콩드
달걀 150g
슈거파우더 115g
아몬드가루 115g
밀가루 30g
녹인 버터 45g
달걀흰자 105g
설탕 15g

프렌치 버터 크림
설탕 100g
물 100g
달걀흰자 125g
버터 325g
커피 향

가나슈
우유(전유) 160g
액상 생크림 (유지방 35%) 35g
다크 초콜릿 (카카오 64%) 125g
버터 65g

커피 향 시럽
인스턴트 에스프레소 커피 62g
물 750g
설탕 62g

글라사주
브라운 글라사주 페이스트 100g
옥수수유 50g
다크 초콜릿 (카카오 58%) 100g

비스퀴 조콩드 BISCUIT JOCONDE
전동 스탠드 믹서 볼에 달걀, 슈거파우더, 아몬드가루, 녹인 버터, 밀가루를 넣고 거품기를 빠른 속도로 돌려 섞는다. 다른 믹싱볼에 달걀흰자를 넣고 설탕을 넣어가며 거품기로 휘저어 단단하고 매끈한 머랭을 만든다. 첫 번째 혼합물을 머랭에 넣고 살살 섞는다. 베이킹 시트에 펼쳐놓고 180°C 오븐에서 5~8분 굽는다.

프렌치 버터 크림 CRÈME AU BEURRE
소스팬에 물과 설탕을 넣고 117°C까지 끓여 시럽을 만든다. 전동 스탠드 믹서 볼에 달걀흰자를 넣고 부드럽게 거품을 올린다. 여기에 뜨거운 시럽을 가늘게 흘려 넣으면서 혼합물의 온도가 20~25°C가 될 때까지 계속 빠른 속도로 거품기를 돌린다. 상온의 버터를 넣고 크리미한 혼합물이 되도록 잘 섞은 뒤 커피 향을 넣어준다. 냉장고에 보관한다.

가나슈 GANACHE
소스팬에 우유와 생크림을 넣고 끓을 때까지 가열한 다음 잘게 썰어둔 초콜릿 위에 붓고 알뜰주걱으로 잘 섞는다. 깍둑 썬 상온의 버터를 넣은 뒤 핸드블렌더로 갈아 매끈하게 혼합한다.

커피 향 시럽 SIROP D'IMBIBAGE
소스팬에 물과 설탕을 넣고 뜨겁게 가열한 다음 인스턴트 커피를 넣어 녹인다.

조립 MONTAGE
조콩드 스펀지 시트를 사방 12cm 정사각형 3장으로 자른다. 이 중 한 장 밑면에 살짝 녹인 초콜릿을 붓으로 아주 얇게 한 켜 발라준다. 케이크 받침 위에 놓고 잠시 굳게 둔다. 이 시트 윗면에 시럽을 붓으로 발라 적신 뒤 버터 크림을 균일하게 한 켜 펴 바른다. 두 번째 조콩드 스펀지의 위 아래 양면에 시럽을 발라 적신 다음 여기에 올린 뒤 가나슈로 덮어준다. 마지막 세 번째 조콩드 시트도 양면에 시럽을 적신 뒤 가나슈 층 위에 올린다. 버터 크림으로 덮어준 다음 매끈하게 밀어 다듬는다. 냉장고에 1시간 넣어 굳힌다. 글라사주 페이스트와 초콜릿을 중탕으로 또는 전자레인지를 이용해 녹인 뒤 식용유를 넣어 섞는다. 오페라 케이크가 차갑게 굳으면 이 글라사주를 입힌다.

루아얄 쇼콜라 무스 케이크

ROYAL CHOCOLAT

8~10인분

작업 시간
2시간

조리
10~12분

냉동
1시간 30분

보관
냉장고에서 3일

도구
지름 20cm 케이크 링
체망
거품기
스패출러
파티스리용
스프레이 건
짤주머니 + 지름 3mm
원형 깍지
전동 스탠드 믹서
체
주방용 전자 온도계

재료

아몬드 다쿠아즈
슈거파우더 125g
아몬드가루 125g
옥수수전분 25g
달걀흰자 150g
설탕 75g
비정제 황설탕 25g

크리스피 푀유틴
밀크 커버처 초콜릿
40g
헤이즐넛(또는 아몬드)
프랄린 페이스트 50g
크리스피 푀유틴 50g

초콜릿 무스
우유(전유) 160g
달걀노른자 50g
설탕 30g
다크 커버처 초콜릿
(카카오 58%) 190g
액상 생크림(유지방
35%) 300g

벨벳 스프레이 혼합물
카카오버터 50g
밀크 커버처 초콜릿
50g

아몬드 다쿠아즈 DACQUOISE AMANDES
슈거파우더, 아몬드가루, 옥수수전분을 함께 체에 친다. 전동 스탠드 믹서 볼에 달걀흰자를 넣고 거품기를 돌린다. 두 가지 설탕을 조금씩 넣어가며 단단하고 윤기나게 거품을 올린다. 거품 올린 달걀흰자와 체에 친 가루 재료들을 알뜰주걱으로 살살 섞어준다. 논스틱 베이킹 팬에 반죽 혼합물을 펼쳐놓은 뒤 210°C 오븐에서 10~12분간 굽는다.

크리스피 푀유틴 CROUSTILLANT FEUILLETINE
밀크 초콜릿을 녹인 다음 나머지 재료들과 조심스럽게 섞어준다.

초콜릿 무스 MOUSSE AU CHOCOLAT
크렘 앙글레즈를 만든다(p.50 테크닉 참조). 체에 거른 뜨거운 크렘 앙글레즈를 작게 썰어둔 초콜릿 위에 붓고 섞어 온도를 40°C까지 식힌다. 생크림을 가볍게 휘핑한 다음 초콜릿 크렘 앙글레즈에 넣고 살살 섞어준다.

벨벳 스프레이 APPAREIL À PISTOLET
카카오버터와 초콜릿을 각각 35°C까지 중탕으로 가열해 녹인다. 이 둘을 섞은 다음 50°C까지 데운다. 체에 거른 뒤 스프레이 건 안에 채워 넣는다.

조립 MONTAGE
구워서 식힌 아몬드 다쿠아즈 시트를 지름 18cm 원형 2장으로 잘라낸다. 첫 번째 다쿠아즈 시트를 링 안에 깔고 초콜릿 무스로 덮어준다(틀 높이의 약 1/3까지). 빈 구멍이 생기지 않도록 고루 펼쳐놓는다. 같은 크기의 두 번째 다쿠아즈 시트 위에 크리스피 푀유틴을 펼쳐놓은 뒤 링 안의 무스 층 위에 얹어준다. 초콜릿 무스로 덮은 다음 스패출러로 매끈하게 밀어준다. 냉동실에 1시간 30분간 넣어둔다. 나머지 무스를 짤주머니에 채운 뒤 가능하면 아직 냉동 상태에 있는 케이크 위에 가는 선 무늬를 짜올려 장식한다. 스프레이 건을 분사해 표면을 벨벳과 같은 질감으로 마무리한다.

갈레트 오 쇼콜라
GALETTE AU CHOCOLAT

6인분

작업 시간
2시간

냉장
1시간 20분

조리
40분

보관
냉장고에서 48시간

도구
지름 20cm 케이크 링
페브(fève)*
거품기
주방용 붓
짤주머니
파티스리용 밀대

재료
초콜릿 파트 푀유테
(p.68 레시피 참조)
500g
단추 모양 밀크 초콜릿
(pistoles chocolat au
lait) 100g

헤이즐넛 크림
부드러운 포마드
상태의 버터 60g
설탕 60g
달걀 50g
아몬드가루 20g
헤이즐넛 가루 40g

달걀물
달걀 50g

시럽
물 100g
설탕 100g

헤이즐넛 크림 CRÈME NOISETTE
믹싱볼에 버터와 설탕을 넣고 색이 뽀얗게 변하고 크리미한 질감이 될 때까지 거품기로 휘저어 섞는다. 여기에 달걀을 넣고 섞은 다음 아몬드가루, 헤이즐넛 가루를 넣어준다. 균일한 혼합물이 되도록 세게 휘저어 섞는다.

조립 MONTAGE
푀유테 반죽을 각 250g의 두 덩어리로 나눈다. 반죽을 얇게 민 다음 사방 20cm 크기의 정사각형으로 자른다. 첫 번째 반죽 시트 위에 지름 20cm 원을 표시한다. 시트에 달걀물을 바른 다음 짤주머니를 이용해 헤이즐넛 크림을 정중앙부터 시작해 지름 16cm 원의 범위까지 달팽이 모양으로 짜 얹는다. 원하면 이때 페브를 적당한 곳에 한 개 놓는다. 작고 납작한 단추 모양 밀크 초콜릿을 헤이즐넛 크림 위에 원모양을 따라 고루 뿌려놓는다. 두 번째 정사각형 반죽을 그 위에 올린다. 가장자리를 잘 붙인 뒤 냉장고에 20분간 넣어둔다. 뒤집어놓고 지름 20cm 원형 모양을 따라 가장자리를 잘라낸다. 갈레트 가장자리에 작은 칼등을 이용해 빙 둘러 무늬를 찍어준다. 표면에 달걀물을 바르고 다시 냉장고에 약 1시간 넣어둔다. 다시 한 번 달걀물을 바른 다음 칼날 끝으로 표면에 원하는 문양을 그어 장식한다. 칼끝으로 표면을 4~5군데 찔러준다. 180°C로 예열한 오븐에서 30~40분 굽는다.

시럽 SIROP
소스팬에 물과 설탕을 넣고 끓여 시럽을 만든다. 오븐에서 꺼낸 갈레트 표면에 바로 시럽을 붓으로 얇게 발라준다. 30분 정도 식힌 뒤 서빙한다.

* 갈레트를 굽기 전에 안에 넣는 작은 도자기 인형. 옛날에는 잠두콩(fève)을 넣었던 전통에서 유래한 명칭이다.

모차르트 뷔슈 케이크
BÛCHE MOZART

뷔슈 1개 분량

작업 시간
2시간

조리
8~10분

굳히기
20분

냉동
3시간

보관
48시간. 밀폐 용기에 넣어 서늘한 곳에 보관한다.

도구
체망
거품기
핸드블렌더
뷔슈용 홈통 모양 틀 (30 x 8cm, 30 x 4cm 각 1개씩)
L자 스패출러
전동 스탠드 믹서
실리콘 패드

재료

초콜릿 비스퀴 조콩드
아몬드가루 125g
슈거파우더 125g
밀가루 25g
무가당 코코아가루 10g
달걀 175g
버터 25g
달걀흰자 125g
설탕 20g

크리스피 프랄린 레이어
다크 커버처 초콜릿 (카카오 64%) 15g
밀크 커버처 초콜릿 (카카오 40%) 15g
프랄린 페이스트 125g
헤이즐넛 페이스트 50g
크리스피 퓌유틴 80g

젤리드 바닐라 크림
우유 250g
액상 생크림(유지방 35%) 250g
바닐라 빈 2줄기
설탕 75g
달걀노른자 150g
젤라틴 가루 5g
물 60g

초콜릿 무스
다크 커버처 초콜릿 (카카오 64%) 125g
달걀노른자 40g
시럽(물, 설탕 동량) 55g
액상 생크림(유지방 35%) 250g

다크 초콜릿 글라사주
물 150g
설탕 300g
글루코스 시럽(물엿) 300g
가당연유 200g
젤라틴 가루 26g
물 140g
다크 초콜릿 (카카오 60%) 360g

초콜릿 비스퀴 조콩드 BISCUIT JOCONDE CHOCOLAT
전동 스탠드 믹서 볼에 아몬드가루, 슈거파우더, 밀가루, 코코아가루를 넣고 플랫비터를 돌려 섞는다. 미리 풀어둔 달걀을 세 번에 나누어 넣으며 중간 속도로 플랫비터를 계속 돌려 균일하고 크리미한 혼합물을 만든다. 볼에 덜어낸 다음 녹인 버터를 넣어 섞는다. 다른 믹싱볼에 달걀흰자를 넣고 설탕을 넣어가며 거품기를 돌려 단단하게 거품을 올린다. 거품 올린 달걀흰자를 혼합물에 넣고 가벼운 질감을 유지하도록 알뜰주걱으로 살살 섞어준다. 실리콘 패드를 깐 베이킹 팬 위에 비스퀴 조콩드 반죽을 붓고 L자 스패출러로 펼쳐놓는다. 엄지손가락을 둘레를 훑어 반죽 여유분을 깔끔하게 제거한다. 230°C 오븐에서 8~10분간 굽는다. 오븐에서 꺼낸 뒤 조심스럽게 식힘망 위에 올린다.

크리스피 프랄린 레이어 FOND CROUSTILLANT
작게 잘라둔 두 종류의 초콜릿을 함께 중탕으로 녹인다. 프랄린 페이스트와 헤이즐넛 페이스트를 섞은 뒤 녹인 초콜릿을 넣어 혼합한다. 크리스피 퓌유틴을 넣고 주걱으로 살살 섞는다. 실리콘 패드 위에 얇게 펼쳐놓은 뒤 굳힌다.

젤리드 바닐라 크림 CRÈME GÉLIFIÉE VANILLE
레시피 재료를 사용해 크렘 앙글레즈를 만든다(p.50 테크닉 참조). 바닐라 빈을 길게 갈라 긁어 우유와 생크림에 넣고 향을 우려내 사용하고, 완성된 크렘 앙글레즈에 미리 물에 적셔둔 젤라틴을 섞어 점도를 더한다. 작은 사이즈의 홈통 모양 뷔슈 틀에 넣어 굳힌다.

초콜릿 무스 MOUSSE AU CHOCOLAT
초콜릿을 중탕으로 45°C까지 가열해 녹인다. 시럽을 끓인다. 달걀노른자를 거품기로 풀어준 다음 뜨거운 시럽을 붓는다. 온도가 25°C로 떨어질 때까지 계속 거품기를 돌린다. 다른 믹싱볼에 생크림을 넣고 거품기를 돌려 가볍게 휘핑한다. 휘핑한 크림의 1/3을 녹인 초콜릿에 넣고 살살 섞는다. 이어서 나머지 생크림을 넣고 섞어준다. 시럽과 섞은 달걀노른자를 넣어준 다음 균일한 질감이 되도록 잘 혼합한다.

다크 초콜릿 글라사주 GLAÇAGE NOIR
소스팬에 물, 설탕, 글루코스 시럽을 넣고 103°C까지 끓여 시럽을 만든다. 가당연유를 넣고 섞은 뒤 미리 물에 적셔둔 젤라틴을 넣어준다. 이것을 작게 잘라둔 초콜릿 위에 붓고 핸드블렌더로 갈아 혼합한다. 체에 거른다. 온도가 30°C까지 떨어지면 사용한다.

조립 MONTAGE
비스퀴 조콩드를 28 x 16cm(큰 뷔슈 틀의 안쪽에 대주는 용도)와 28 x 8cm(케이크 바닥에 깔아주는 용도) 크기의 띠 모양으로 각각 한 장씩 잘라낸다. 크리스피 프랄린 레이어를 28 x 8cm 크기로 자른다. 큰 사이즈의 뷔슈 틀 안에 28 x 16cm 크기의 비스퀴 조콩드를 깔아준 다음 초콜릿 무스를 틀 높이의 약 1/3 가량 채워 넣는다. 젤리드 바닐라 크림을 틀에서 빼낸 다음 이 틀의 초콜릿 무스 층 위에 놓는다. 이어서 다시 초콜릿 무스를 덮어준다. 그 위에 28 x 8cm 크기의 비스퀴 조콩드를 놓고 같은 크기의 크리스피 프랄린 레이어를 얹어준다. 냉동실에 3시간 넣어둔다. 조심스럽게 틀을 제거하며 그릴망 위에 뷔슈를 거꾸로 놓은 뒤 글라사주(30°C)를 부어 입힌다. 기호에 맞게 장식한다.

초콜릿 샤를로트
CHARLOTTE AU CHOCOLAT

6인분

작업 시간
1시간 30분

조리
8~10분

보관
냉장고에서 3일

도구
지름 16cm, 높이 4.5cm 케이크 링
작은 체망
짤주머니 + 지름 6mm 원형 깍지
전동 스탠드 믹서
케이크용 투명 띠지
체
실리콘 패드

재료

초콜릿 레이디핑거 비스퀴
버터 30g
다크 초콜릿 (카카오 64%) 75g
달걀흰자 120g
설탕 20g + 20g
달걀노른자 66g
무가당 코코아가루 13g
밀가루 20g
옥수수전분 20g
슈거파우더 약간

초콜릿 바바루아즈 크림
우유 125g
달걀노른자 40g
설탕 40g
다크 초콜릿 (카카오 50%) 65g
젤라틴 가루 2g
물 6g
무가당 코코아가루 13g
액상 생크림 (유지방 35%) 125g

코코아 시럽
설탕 50g
물 65g
무가당 코코아가루 15g
글루코스 시럽 15g

데커레이션
다크 초콜릿 200g
무가당 코코아가루
슈거파우더

초콜릿 레이디핑거 비스퀴 BISCUIT CUILLÈRE CHOCOLAT
작게 자른 초콜릿과 버터를 함께 중탕으로 녹인다. 전동 스탠드 믹서 볼에 달걀흰자와 설탕 20g을 넣고 단단하게 거품을 올린다. 다른 볼에 달걀노른자와 나머지 설탕 20g을 넣고 거품기로 휘저어 섞는다. 여기에 거품 낸 흰자를 넣고 살살 섞어준다. 녹인 초콜릿에 이 혼합물을 조금 붓고 먼저 잘 풀어준 다음 나머지 모두 붓고 섞는다. 함께 체에 친 코코아가루, 밀가루, 옥수수전분을 혼합물에 넣고 부피가 꺼지지 않도록 주의하며 알뜰주걱으로 살살 섞어준다. 짤주머니에 채워 넣은 뒤 유산지를 깐 베이킹 팬 위에 지름 14cm 원반형 2장과 6 x 60cm의 탄띠 모양으로 레이디핑거 비스퀴를 약간 사선으로 나란히 붙여 짜놓는다. 슈거파우더를 뿌린 뒤 210°C 오븐에서 6~8분간 굽는다.

초콜릿 바바루아즈 크림 BAVAROISE AU CHOCOLAT
소스팬에 우유를 뜨겁게 데운다. 볼에 달걀노른자와 설탕을 넣고 색이 뽀얗게 변하고 크리미해질 때까지 거품기로 휘저어 섞는다. 뜨거운 우유를 달걀노른자 혼합물에 붓고 잘 섞은 뒤 다시 소스팬으로 옮긴다. 계속 잘 저어가며 83°C까지 익혀 크렘 앙글레즈를 만든다. 이것을 잘게 썬 다크 초콜릿에 붓고 잘 저어 매끈하게 혼합한다. 물에 적셔둔 젤라틴을 넣어준다. 얼음물을 넣은 그릇에 혼합물이 담긴 용기를 담가 식힌다. 온도가 14~16°C까지 떨어지면 코코아가루를 넣어준다. 믹싱볼에 생크림을 넣고 단단하게 휘핑한 다음 크렘 앙글레즈 혼합물에 넣고 균일한 질감이 되도록 잘 섞는다.

코코아 시럽 SIROP
소스팬에 재료를 모두 넣고 끓인다. 체에 거른 뒤 냉장고에 보관한다.

데커레이션 DÉCOR
넓은 사이즈의 초콜릿 컬 셰이빙을 만든다(p.114 테크닉 참조).

조립 MONTAGE
케이크 링 안쪽 벽에 투명 띠지를 대준다. 탄띠 모양의 레이디핑거 비스퀴를 잘라 투명 띠지에 붙여 세워 둘러준다. 원형으로 자른 시트 중 하나를 바닥에 깐 다음 붓으로 시럽을 발라 적신다. 초콜릿 바바루아즈 크림을 높이의 반까지 채운다. 두 번째 원형시트 양면에 시럽을 발라 적신 다음 그 위에 올려놓는다. 바바루아즈 크림을 틀 높이 끝까지 채워 넣는다. 초콜릿 컬 셰이빙을 얹어 장식한다. 바바루아즈 크림이 굳을 때까지 냉장고에 넣어둔다. 서빙 전 코코아가루와 슈거파우더를 솔솔 뿌린다.

셰프의 조언
레이디핑거 비스퀴는 오븐에서 구운 뒤 바로 베이킹 팬에서 들어내 식힘망에 올려야 건조해지는 것을 막을 수 있다. 식은 다음엔 냉장고에 보관한다.

초콜릿 생토노레

SAINT-HONORÉ AU CHOCOLAT

6인분

작업 시간
3시간

냉장
1시간

조리
40분

보관
냉장고에서 24시간

도구
지름 3cm 원형
쿠키커터
핸드블렌더
지름 16cm 원형
실리콘 틀
짤주머니 + 지름
10mm 원형 깍지,
생토노레 깍지
파티스리용 밀대
주방용 전자 온도계

재료

초콜릿 크레뫼
다크 초콜릿(카카오
64~66%) 105g
또는 밀크 초콜릿
(카카오 40%) 125g
우유(전유) 100g
액상 생크림(유지방
35%) 100g
달걀노른자 30g
설탕 50g

초콜릿 푀유타주
밀가루(T65) 220g
무가당 코코아가루 20g
소금 5g
물 145g
녹인 버터 25g
푀유타주용 저수분
버터 200g

슈 반죽
저지방우유 56g
버터 25g
소금 1g
밀가루(T55) 25g
무가당 코코아가루 6g
달걀 56g

초콜릿 크럼블
밀가루 120g
무가당 코코아가루 20g
비정제 황설탕 120g
버터 100g
굵게 다진 카카오닙스
15g

**초콜릿 바닐라 샹티이
크림**
액상 생크림(유지방
35%) 200g
다크 초콜릿(카카오
64%) 80g
바닐라 빈 1/2줄기

초콜릿 글라사주
액상 생크림(유지방
35%) 190g
글루코스 시럽 95g
무가당 코코아가루 72g
생수 100g
설탕 260g
전화당 28g
젤라틴 가루 15g
물 75g

데커레이션
식용 금박

초콜릿 크레뫼 CRÉMEUX CHOCOLAT

하루 전 준비. 초콜릿(다크 또는 밀크)을 중탕으로 35~40°C까지 가열해 녹인다. 소스팬에 우유와 생크림, 설탕 분량의 반을 넣고 끓을 때까지 가열한다. 믹싱볼에 달걀노른자와 나머지 설탕을 넣고 색이 뽀얗게 변하고 크리미한 질감이 될 때까지 거품기로 휘저어 섞는다. 여기에 끓는 우유를 조금 부어 거품기로 잘 섞은 뒤 다시 소스팬으로 전부 옮긴다. 주걱으로 계속 저어주며 혼합물을 83~85°C까지 가열한다. 주걱을 들어 올렸을 때 묽게 흐르지 않고 묻어 있는 상태가 되면 적당한 농도이다. 이 크렘 앙글레즈를 녹인 초콜릿에 세 번에 나누어 넣어 섞은 뒤 핸드블렌더로 몇 초간 갈아 매끈하게 혼합한다. 지름 16cm 원형틀에 2cm 두께로 흘려 넣은 뒤 냉동실에 45분간 넣어둔다. 남은 크림 혼합물은 볼에 덜어낸 뒤 랩을 밀착시켜 덮고 냉장고에 하룻밤 넣어둔다.

초콜릿 푀유타주 FEUILLETAGE CHOCOLAT

초콜릿 파트 푀유테를 만든다(p.68 테크닉 참조). 반죽을 지름 20cm, 두께 3mm 원형으로 밀어 유산지를 깐 베이킹 팬 위에 놓는다. 그 위에 유산지를 한 장 덮어준 다음 베이킹 팬을 한 장 더 올린다. 170°C 오븐에서 15~20분간 굽는다.

슈 반죽 PÂTE À CHOUX

슈 반죽을 만든다(p.212 테크닉 참조). 지름 10mm 원형 깍지를 끼운 짤주머니에 반죽을 채워 넣는다. 실리콘 패드를 깐 베이킹 시트 위에 지름 3cm의 슈를 짜놓는다.

초콜릿 크럼블 CRUMBLE CHOCOLAT

작업대 위에 밀가루, 코코아가루, 황설탕을 쏟아놓고 손가락으로 섞는다. 깍둑 썰어 상온에 둔 부드러운 포마드 버터, 이어서 카카오닙스를 넣고 모래처럼 부슬부슬한 질감이 되도록 섞는다. 반죽 혼합물을 뭉친 뒤 3mm 두께로 얇게 민다. 냉동실에 20분간 넣어둔다. 원형 쿠키커터를 이용해 지름 3cm로 잘라낸 다음 베이킹 팬에 짜놓은 슈 위에 하나씩 얹는다. 170°C 오븐에서 15~20분간 굽는다.

초콜릿 바닐라 샹티이 크림 CHANTILLY CHOCOLAT VANILLE

초콜릿을 중탕으로 55°C까지 가열하여 녹인다. 생크림에 바닐라 빈을 길게 갈라 긁어 넣은 뒤 전동 핸드믹서를 이용해 거품이 일 정도로 휘핑한다. 이것을 녹인 초콜릿에 조금 넣어 잘 섞은 뒤 나머지 휘핑한 크림에 전부 넣어준다. 알뜰주걱으로 살살 섞는다. 생토노레 깍지를 끼운 짤주머니에 채워 넣는다.

초콜릿 글라사주 GLAÇAGE CHOCOLAT

소스팬에 생크림과 글루코스 시럽을 넣고 따뜻하게 데운(끓이지 않는다) 다음 코코아가루를 넣고 잘 저어준다. 다른 소스팬에 물과 설탕을 넣고 110°C까지 끓여 시럽을 만든다. 코코아 향의 생크림에 뜨거운 시럽을 붓는다. 미리 물에 적셔둔 젤라틴을 넣고 잘 섞는다. 핸드블렌더로 살짝 갈아 혼합한 뒤 전화당을 넣는다. 냉장고에 넣어둔다. 사용할 때는 32~35°C로 다시 데워준다.

조립 MONTAGE

남겨두었던 초콜릿 크레뫼를 슈 밑면으로 짜 넣어 채운다. 슈의 윗부분을 초콜릿 글라사주에 담갔다 뺀다. 냉동실에 넣어둔 지름 16cm의 원반형 크레뫼를 초콜릿 푀유타주 위에 올린다. 크림을 채운 슈 6개를 글라사주를 입힌 쪽이 위로 가도록 균일한 간격으로 가장자리에 빙 둘러놓는다. 샹티이 크림을 중앙 부분과 슈 사이사이에 짜 올린다. 마지막 슈를 가운데 올리고 식용 금박을 군데군데 조금씩 얹어 장식한다.

초콜릿 밀푀유
MILLE-FEUILLE AU CHOCOLAT

6인분

작업 시간
3시간

휴지
1시간

조리
30~40분

보관
냉장고에서 48시간

도구
빵 나이프
초콜릿용 전사지
(40 x 60cm)
거품기
L자 스패출러
짤주머니 + 지름
15mm 원형 깍지
파티스리용 밀대

재료

초콜릿 파트 푀유테
밀가루(T55) 220g
무가당 코코아가루 20g
소금 5g
물 145g
녹인 버터 25g
푀유타주용 저수분
버터 200g

초콜릿 휩드 가나슈
액상 생크림(유지방
35%) 250g + 450g
글루코스 시럽 50g
다크 초콜릿(카카오
70%) 190g

크런치 초콜릿 시트
다크 초콜릿(카카오
64%) 200g
카카오닙스 50g
크리스피 푀유틴 50g
식용 골드 펄 파우더 1g

초콜릿 파트 푀유테 PÂTE FEUILLETÉE CHOCOLAT
초콜릿 파트 푀유테를 만든다(p.68 테크닉 참조). 반죽을 2mm 두께로 민 다음 사방 18cm 정사각형 두 개로 잘라낸다. 냉장고에 넣어 1시간 동안 휴지시킨다. 유산지를 깐 베이킹 팬 위에 정사각형 반죽 2장을 나란히 놓고 다시 유산지 한 장, 베이킹 팬 한 장을 더 덮어준다. 170°C 오븐에서 약 40분간 굽는다.

초콜릿 휩드 가나슈 GANACHE MONTÉE CHOCOLAT
소스팬에 생크림 250g과 글루코스 시럽을 넣고 끓인다. 뜨거운 생크림을 잘게 썰어둔 초콜릿 위에 붓고 거품기로 저어 매끈하고 균일하게 섞어준다. 나머지 생크림 450g을 넣고 잘 섞은 뒤 냉장고에 최소 3시간 넣어둔다.

크런치 초콜릿 시트 FINE FEUILLE CRAQUANTE DE CHOCOLAT
초콜릿을 템퍼링한다(p.28~32 테크닉 참조). 초콜릿용 전사지 위에 붓고 L자 스패출러를 사용해 2~3mm 두께로 얇게 밀어 편다. 카카오닙스와 미리 금가루 펄을 묻혀 잘게 부숴둔 크리스피 푀유틴을 초콜릿 위에 고루 뿌린다. 2~3분 정도 굳힌다. 잘 드는 칼을 이용해 사방 16cm 정사각형 1개, 사방 2~3cm의 작은 정사각형 여러 개로 자른다.

조립 MONTAGE
푀유타주 시트가 식으면 빵 나이프를 사용해 가장자리를 조심스럽게 잘라내 단면이 깔끔한 사방 16cm 정사각형을 만든다. 원형 깍지를 끼운 짤주머니로 가나슈를 푀유타주 시트 위에 동그랗게 나란히 붙여 짜 얹는다. 그 위에 큰 정사각형 크런치 초콜릿 시트를 놓는다. 가나슈를 조금 짜 얹고 작은 크런치 초콜릿 시트 조각들을 올려 장식한다.

초콜릿 몽블랑
MONT-BLANC AU CHOCOLAT

8인분

작업 시간
2시간

향 우리기
하룻밤

조리
1시간 30분

냉장
5시간 30분

보관
냉장고에서 48시간

도구
체망
거품기
핸드블렌더
짤주머니 + 지름 10mm 원형 깍지,
몽블랑 깍지
전동 스탠드 믹서
파티스리용 밀대
주방용 전자 온도계

재료

초콜릿 머랭
달걀흰자 100g
설탕 100g
슈거파우더 60g
무가당 코코아가루 40g

카다멈 향 휩드 가나슈
카다멈 씨 10알
바닐라 빈 2줄기
액상 생크림 (유지방 35%) 720g
판 젤라틴 12g
화이트 초콜릿 (카카오 35%) 360g

오렌지 레몬 콩피
오렌지 300g
레몬 200g
버터 30g
비정제 황설탕 60g
설탕 150g
잡화꿀 50g
옥수수전분 12g
물 120g

휩드 밤 크림
우유 60g
달걀노른자 45g
커스터드 분말 5g
밤 크림 230g
버터 155g
럼 10g

데커레이션
마롱글라세 (적당히 부순다) 50g
식용 금박

카다멈 향 휩드 가나슈 GANACHE CARDAMOME MONTÉE
하루 전, 굵게 부순 카다멈 씨와 길게 갈라 긁은 바닐라 빈을 차가운 생크림에 넣어 향을 우려낸다(최소 12시간). 체에 거른 뒤 50°C까지 가열한다. 미리 찬물에 불려둔 젤라틴을 꼭 짜서 넣어준다. 초콜릿을 중탕으로 35°C까지 가열해 녹인다. 여기에 뜨거운 생크림을 붓고 잘 저어 섞어 매끈한 가나슈를 만든다. 냉장고에 최소 4시간 넣어둔다. 손거품기 또는 전동 스탠드 믹서를 이용해 거품이 이는 가벼운 질감이 될 때까지 휘핑한다.

초콜릿 머랭 MERINGUE AU CHOCOLAT
머랭을 만든다(p.214 레시피 참조). 지름 10mm 깍지를 끼운 짤주머니에 채운 뒤 유산지를 깐 베이킹 팬 위에 8 x 20cm 크기의 직사각형으로 짜놓는다. 80°C 오븐에서 1시간 동안 굽는다.

오렌지 레몬 콩피 CONFIT ORANGE-CITRON
오렌지와 레몬을 깨끗이 씻는다. 냄비에 물을 채우고 오렌지와 레몬을 통째로 넣어 30분간 끓인다. 건져서 잘게 자른 뒤 버터와 황설탕을 넣고 가열해 캐러멜라이즈한다. 흰설탕과 꿀을 첨가한 다음 재료 높이까지 물을 붓는다. 수분이 모두 증발할 때까지 졸인다. 옥수수전분을 물에 풀어 넣어준다. 걸쭉해질 때까지 끓인다. 식힌 뒤 핸드블렌더로 갈아준다.

휩드 밤 크림 CRÈME DE MARRONS MONTÉE
소스팬에 우유를 넣고 뜨겁게 데운다. 믹싱볼에 달걀노른자와 커스터드 분말을 넣고 거품기로 휘저어 섞는다. 우유가 끓으면 달걀에 조금 붓고 잘 저어 풀어준 다음 다시 전부 소스팬으로 옮기고 세게 저어 섞으며 가열한다. 1분간 끓인 뒤 불에서 내리고 밤 크림과 럼을 넣어준다. 냉장고에 넣어 식힌다. 혼합물의 온도가 20°C까지 떨어지면 부드러운 포마드 상태의 버터를 넣고 거품기로 휘핑하여 잘 섞는다.

조립 MONTAGE
원형 깍지를 끼운 짤주머니에 카다멈 향 휩드 가나슈를 채운다. 머랭 중앙에 가나슈를 길게 짜 얹고 오렌지 레몬 콩피를 올린다. 냉장고에 1시간 동안 넣어 굳힌다. 휘핑한 밤 크림을 몽블랑용 깍지(작은 구멍들이 나 있어 가는 국수 모양으로 짤 수 있다)를 끼운 짤주머니에 채워 넣은 뒤 머랭 맨 위에 짜 얹는다. 냉장고에 30분간 넣어 굳힌다. 적당한 크기로 부순 마롱글라세와 식용 금박을 얹어 장식한다.

초콜릿 체리 케이크

ENTREMETS CHERRY CHOCOLAT

4개분

작업 시간
3시간

냉동
2시간

조리
30분

재워두기
1시간

냉장
하룻밤

굳히기
2시간

보관
냉장고에서 48시간

도구
54 x 9cm, 높이 4.5cm 직사각형 프레임
36 x 26cm 직사각형 프레임
체망
지름 8cm 원형 쿠키커터
지름 10cm 반구형 틀 (8구)
전동 스탠드 믹서
파티스리용 밀대
L자 스패출러
체
주방용 전자 온도계

재료

초콜릿 사블레 브르통
부드러운 포마드 상태의 버터 330g
설탕 256g
달걀노른자 150g
게랑드(Guérande) 소금 9g
밀가루(T45) 360g
베이킹파우더 20g
무가당 코코아가루 30g
다크 초콜릿(카카오 64% Cacao Barry Guayaquil) 70g
비정제 황설탕 10g

헤이즐넛 크리스피
헤이즐넛 프랄리네
다크 초콜릿 (카카오 66%) 150g
다크 초콜릿 (카카오 64% Bitter) 100g
헤이즐넛 페이스트 120g
크리스피 푀유틴 255g

초콜릿 스펀지케이크
다크 초콜릿(카카오 64% Bitter) 50g
부드러운 포마드 상태의 버터 100g
슈거파우더 70g
달걀노른자 200g
달걀흰자 160g
설탕 60g
밀가루 30g
무가당 코코아가루 10g

다크 초콜릿 무스
다크 초콜릿(카카오 64% Bitter) 600g
액상 생크림(유지방 35%) 500g
시럽(물, 설탕 동량) 320g
달걀노른자 230g
젤라틴 가루 16g
물 80g

모렐로 체리 잼
씨를 뺀 모렐로(morello) 체리 800g
키르슈(kirsch) 120g
그리요트(griottes) 체리 퓌레 240g
라즈베리 퓌레 120g
잔탄검 4g
설탕 290g
펙틴NH 20g

초콜릿 셸
템퍼링한 다크 커버처 초콜릿(p.28~32 테크닉 참조) 300g

잎, 줄기 데커레이션
이소말트 200g
물 20g
분말형 천연 식용색소 (그린) 적당량

레드 글라사주
젤라틴 가루 5g
물 30g + 30g
설탕 60g
글루코스 시럽 60g
가당연유 40g
화이트 초콜릿 60g
분말형 천연 식용색소 (레드) 0.5g

분말형 천연 식용색소 (골드) 0.2g

초콜릿 사블레 브르통 SABLÉ BRETON CHOCOLAT

초콜릿을 중탕으로 50°C까지 가열해 녹인다. 믹싱볼에 깍둑 썬 상온의 버터와 설탕을 넣고 크리미하게 섞는다. 다른 볼에 달걀노른자와 소금을 넣고 색이 뽀얗게 변할 때까지 거품기로 휘저어 섞은 뒤 버터, 설탕 혼합물에 조금씩 넣으며 섞는다. 여기에 함께 체에 친 밀가루, 베이킹파우더, 코코아가루를 넣고 가루가 보이지 않을 정도로만 알뜰주걱으로 대충 섞어준다. 작업대 위에 덜어낸 다음 균일한 혼합물이 되도록 반죽한다. 너무 오래 치대지 않는다. 녹인 초콜릿을 넣고 섞어준다. 반죽을 둥글게 뭉쳐 랩으로 싼 뒤 냉장고에 하룻밤 넣어둔다. 다음 날, 실리콘 패드를 깐 베이킹 시트 위에 황설탕을 고루 뿌린 뒤 그 위에 반죽을 놓고 4mm 두께로 민다. 170°C로 예열한 오븐에서 20~25분간 굽는다.

헤이즐넛 크리스피 CROUSTILLANT NOISETTE

초콜릿을 중탕으로 녹인다. 녹인 초콜릿을 헤이즐넛 페이스트 위에 붓고 잘 섞은 뒤 크리스피 푀유틴을 넣고 살살 섞어준다. 실리콘 패드 위에 54 x 9cm 사각 프레임을 놓고 그 안에 크리스피 혼합물을 채워 넣는다. L자 스패출러를 이용해 평평하게 밀어준다. 2시간 동안 굳힌다.

초콜릿 스펀지케이크 BISCUIT CHOCOLAT

초콜릿을 중탕으로 45°C까지 가열해 녹인다. 전동 스탠드 믹서 볼에 부드러워진 포마드 상태의 버터와 슈거파우더, 녹인 초콜릿을 넣고 플랫비터를 돌려 매끈한 혼합물이 되도록 섞는다. 달걀노른자를 조금씩 넣어준다. 다른 믹싱볼에 달걀흰자를 넣고 거품을 올린다. 설탕을 넣어가며 거품기를 계속 돌려 단단한 머랭을 만든다. 머랭의 반을 초콜릿 혼합물에 넣고 살살 섞는다. 미리 함께 체에 쳐둔 밀가루와 코코아가루를 넣고 잘 섞은 뒤 나머지 머랭을 모두 넣고 살살 섞는다. 유산지를 깐 베이킹 팬 위에 36 x 26cm 사각 프레임을 놓고 그 안에 혼합물을 부어 채운다. 160°C로 예열한 오븐에서 20~25분간 굽는다.

초콜릿 무스 MOUSSE AU CHOCOLAT

초콜릿을 중탕으로 50°C까지 가열해 녹인다. 생크림을 거품이 일 때까지 부드럽게 휘핑한다. 시럽을 1분간 끓인 뒤 달걀노른자에 부으며 거품기로 저어 봉브 반죽(pâte à bombe)을 만든다. 혼합물의 온도가 30°C로 떨어질 때까지 거품기로 계속 휘저어준다. 휘핑한 생크림의 반을 초콜릿에 넣고 섞은 다음 봉브 반죽을, 이어서 물에 적신 젤라틴을 넣어준다. 조심스럽게 섞은 다음 나머지 휘핑한 생크림을 모두 넣어준다. 균일한 혼합물이 되도록 잘 섞는다.

모렐로 체리 잼 CONFITURE DE CERISES MORELLO

모렐로 체리를 키르슈(체리 브랜디)에 1시간 담가 재워둔다. 그리오트 체리 퓌레와 잔탄검을 섞고 거품기로 잘 저어준다. 이 퓌레를 소스팬에 넣고 40°C까지 가열한 다음 펙틴과 미리 섞어둔 설탕을 넣어준다. 104°C까지 끓인다. 여기에 키르슈에서 건진 모렐로 체리를 넣어준다.

초콜릿 셸 COQUES EN CHOCOLAT

지름 10cm 원형 초콜릿 셸 8개를 만든다(p.88 테크닉 참조). 1시간 동안 굳힌다. 남은 템퍼링한 초콜릿은 조립과정에 사용한다.

데커레이션 DÉCOR

소스팬에 이소말트와 물을 넣고 180°C까지 가열한 다음 식용색소(그린)를 넣어 원하는 톤의 색을 만든다. 40°C까지 식힌다. 설탕공예용 내열장갑을 착용한 뒤 혼합물을 조심스럽게 접고 늘리는 작업을 반복해 새틴과 같은 광택이 나게 만든다. 체리 줄기와 잎 모양 장식을 만든 뒤 굳힌다.

레드 글라사주 GLAÇAGE ROUGE

젤라틴 가루에 물 30g을 넣고 20분간 적셔둔다. 소스팬에 나머지 물과 설탕, 글루코스 시럽을 넣고 103°C까지 끓여 시럽을 만든다. 연유를 넣고 이어서 젤라틴을 넣어 섞는다. 이것을 잘게 썰어둔 화이트 초콜릿에 붓고 섞는다. 두 가지 색소(레드, 골드)를 넣는다. 핸드블렌더로 갈아 혼합한 다음 체에 거른다.

조립 MONTAGE

원형 쿠키커터로 초콜릿 스펀지, 헤이즐넛 크리스피, 사블레 브르통을 각 8개씩 잘라낸다. 8구짜리 반구형 틀 안에서 굳은 초콜릿 셸에 초콜릿 무스를 깔아준 다음 동그랗게 자른 스펀지케이크를 놓는다. 그 위에 체리 잼을 얇게 바르고 헤이즐넛 크리스피를 올린 뒤 다시 초콜릿 무스를 거의 틀 높이까지 넣어준다. 맨 위에 사블레 브르통을 얹는다. 냉동실에 2시간 동안 넣어둔다. 조심스럽게 틀에서 분리한 다음 템퍼링한 초콜릿을 사용해 두 개의 반구를 붙여 4개의 공 모양을 만든다. 나무꼬챙이로 찍어 레드 글라사주 혼합물에 담가 코팅한다. 체리 꼭지 모양을 붙여 장식한 뒤 굳힌다.

초콜릿 캐러멜 베르가모트 케이크

ENTREMETS CHOCOLAT CARAMEL BERGAMOTE

6~8인용 케이크 1개분

작업 시간
1시간 30분

냉장
2시간

냉동
4시간

보관
냉장고에서 48시간

도구
전동 핸드믹서
지름 14cm, 16cm, 높이 4.5cm 케이크 링
스크레이퍼
거품기
스패출러
짤주머니 + 별모양 깍지
파티스리용 스프레이 건
케이크용 투명 띠지
주방용 전자 온도계

재료

아몬드 스펀지케이크
다크 초콜릿(카카오 66%) 25g
버터 25g
슈거파우더 30g
옥수수전분 2.5g
달걀흰자 33g + 35g
설탕 8g
아몬드 페이스트 (아몬드 50%) 45g
액상 생크림 (유지방 35%) 18g

초콜릿 캐러멜
설탕 50g
글루코스 시럽 40g
액상 생크림 (유지방 35%) 80g
소금(플뢰르 드 셀) 0.5g
바닐라 빈 1/2줄기
버터 50g
밀크 초콜릿 (카카오 40%) 30g

초콜릿 무스
설탕 60g
물 25g
달걀 150g
액상 생크림 (유지방 35%) 275g
다크 커버처 초콜릿 (카카오 64%) 230g
밀크 커버처 초콜릿 (카카오 40%) 50g
버터 55g

베르가모트 콩피
설탕 75g
펙틴NH 8g
베르가모트 퓌레 90g

다크 초콜릿 벨벳 스프레이
다크 초콜릿 (카카오 66%) 100g
카카오버터 100g
퓨어 카카오 페이스트 (카카오 100%) 50g

아몬드 스펀지케이크 BISCUIT AMANDE
초콜릿과 버터를 중탕으로 50°C까지 가열해 녹인다. 미리 함께 체에 친 가루 재료들과 달걀흰자 33g을 섞는다. 나머지 달걀흰자 35g을 믹싱볼에 넣고 설탕을 넣어가며 단단하게 거품을 올린다. 아몬드 페이스트를 주걱으로 풀어준 다음 50°C로 데운 생크림을 넣고 섞는다. 이것을 달걀흰자와 가루 재료 혼합물에 넣고 섞는다. 거품 올린 달걀흰자 머랭을 넣고 살살 섞어준 다음 녹인 초콜릿을 넣는다. 실리콘 패드를 깐 베이킹 팬 위에 지름 14cm 케이크링을 놓고 반죽 혼합물을 틀 높이 1/3까지 오도록 붓는다. 160°C 오븐에 넣어 약 15분간 굽는다. 오븐에서 꺼낸 뒤 식힘망에 올리고 케이크 링을 제거한다.

초콜릿 캐러멜 CARAMEL CHOCOLAT
소스팬에 설탕과 글루코스 시럽을 넣고 175°C까지 끓여 진한 색의 캐러멜을 만든다. 다른 소스팬에 생크림과 소금, 길게 갈라 긁은 바닐라 빈을 넣고 끓을 때까지 가열한다. 뜨거운 생크림을 캐러멜에 조심스럽게 붓고 주걱으로 계속 저어 섞는다. 불에서 내린 뒤 캐러멜의 온도가 50°C까지 식으면 버터를 조금씩 넣어가며 계속 저어 섞어 균일한 질감을 만든다. 작게 썰어둔 초콜릿을 넣고 전부 균일하게 혼합한다. 냉장고에 2시간 동안 넣어 식힌다.

다크 초콜릿 무스 MOUSSE AU CHOCOLAT NOIR
소스팬에 설탕과 물을 넣고 125°C까지 끓여 시럽을 만든다. 이 시럽을 달걀에 붓고 거품을 올리면서 완전히 식힌다. 믹싱볼에 생크림을 넣고 거품이 일 정도로 휘핑한다. 두 가지 초콜릿과 버터를 중탕으로 50°C까지 가열해 녹인다. 녹인 초콜릿에 휘핑한 생크림을 넣고 살살 섞는다. 이것을 달걀 혼합물에 넣고 균일하게 섞는다.

베르가모트 콩피 CONFIT BERGAMOTE
설탕과 펙틴 가루를 섞는다. 소스팬에 베르가모트 퓌레를 넣고 40°C까지 가열한다. 펙틴을 섞은 설탕을 고루 뿌려 넣은 다음 1분간 끓인다. 콩피 혼합물을 지름 14cm 링에 약 1cm 두께로 붓는다. 냉동실에 1시간 넣어둔다.

다크 초콜릿 벨벳 스프레이 SPRAY NOIR
재료를 모두 중탕으로 녹인 뒤 잘 섞는다. 혼합물이 50°C가 되면 스프레이 건 안에 넣어준다.

조립 MONTAGE
지름 16cm 케이크 링 안쪽 벽에 투명 띠지를 둘러준다. 초콜릿 무스를 약 0.5cm 두께로 바닥과 옆면에 펴 바른다. 아몬드 스펀지를 바닥에 깔아준 다음 냉동한 베르가모트 콩피를 놓는다. 캐러멜을 한 켜 올리고 맨 위에 초콜릿 무스를 틀 높이까지 채운다. 스패출러로 매끈하게 밀어준 다음 냉동실에 2시간 동안 넣어둔다. 링을 제거한 뒤 표면을 스프레이 건으로 분사해 벨벳과 같은 질감으로 마무리한다. 별깍지를 끼운 짤주머니에 나머지 초콜릿 무스를 채운 뒤 케이크 위에 원하는 모양으로 짜 얹어 장식한다. 다시 냉동실에 1시간 두었다가 서빙한다.

플레이팅 디저트

초콜릿 바바

BABA CHOCOLAT

바바 10개분

작업 시간
3시간

냉장
30분

발효
1시간 30분

건조
하룻밤

조리
45분

보관
즉시 서빙한다.

도구
체망
식품건조기
핸드블렌더
지름 7cm 바바 틀
작은 체망
짤주머니
마이크로플레인
그레이터
푸드 프로세서
전동 스탠드 믹서
실리콘 패드
주방용 전자 온도계

재료

금귤 파우더, 금귤 칩
물 50g
설탕 65g
금귤 10개

바바 반죽
우유 72g
제빵용 생 이스트 11g
밀가루(T45) 185g
무가당 코코아가루 47g
소금 3g
설탕 16g
달걀 103g
버터 72g

바닐라 통카 빈 시럽
물 500g
설탕 500g
바닐라 빈 2줄기
통카 빈 7g

초콜릿 샹티이 크림
액상 생크림
(유지방 35%) 350g
슈거파우더 60g
바닐라 빈 2줄기
밀크 초콜릿
(카카오 40%) 500g

통카 빈 캐러멜
액상 생크림
(유지방 35%) 40g
바닐라 빈 1줄기
통카 빈 10g
설탕 60g

금귤 마멀레이드
금귤 90g
설탕 10g
바닐라 빈 1줄기

초콜릿 튀일
물 20g
설탕 50g
글루코스 시럽 16g
다크 초콜릿
(카카오 66%) 18g

금귤 파우더, 금귤 칩 POUDRE ET CHIPS DE KUMQUAT
소스팬에 물과 설탕을 넣고 130°C까지 끓여 시럽을 만든다. 금귤의 껍질과 흰색 속껍질을 모두 벗겨낸 다음 가로로 얇게 저며 시럽에 담근다. 껍질과 얇게 저민 과육을 60~70°C 오븐에 넣어 1시간 30분간 건조시킨다. 또는 55°C의 식품건조기에 넣고 하룻밤 말린다. 과육 슬라이스는 따로 보관한다. 말린 껍질을 푸드 프로세서에 넣고 아주 곱게 분쇄한 다음 밀폐 용기에 넣어 보관한다.

바바 반죽 PÂTE À BABA
소스팬에 우유를 넣고 25°C 정도로 미지근하게 데운다. 불에서 내린 뒤 이스트를 넣고 잘 저어 녹인다. 전동 스탠드 믹서 볼에 가루 재료와 달걀을 넣고 플랫비터를 저속으로 돌려 섞는다. 우유를 조금씩 넣어가며 혼합물이 믹싱볼 벽면에 더 이상 달라붙지 않을 때까지 중속으로 계속 돌려 반죽한다. 깍둑 썬 차가운 버터를 넣고 재료가 완전히 섞이고 믹싱볼에 달라붙지 않을 때까지 계속 반죽한다. 랩이나 면포로 덮은 뒤 따뜻한 장소(25~30°C)에서 부피가 두 배로 늘어날 때까지 휴지시킨다(약 45분). 반죽을 작업대에 덜어낸 다음 손바닥으로 눌러 공기를 빼준 다음 짤주머니에 채워 넣는다. 냉장고에 넣어 30분간 휴지시킨다. 바바 틀에 버터를 얇게 바른 다음 베이킹 팬 위에 놓는다. 바바 틀에 반죽을 반 정도씩(한 개당 55g) 짜 넣은 다음 틀의 높이까지 부풀도록 약 1시간 ~1시간 30분 동안 발효시킨다. 170°C로 예열한 오븐에서 22분 정도 굽는다. 중간에 한 번 틀의 위치를 돌려준다. 베이킹 팬을 오븐에서 꺼낸 뒤 각 틀의 바바를 뒤집어놓고 오븐에 다시 넣어 3분간 더 구워 고르게 익도록 한다. 틀에서 분리해 식힘망 위에 올린 뒤 건조한 장소에 둔다.

바닐라 통카 빈 시럽 SIROP D'IMBIBAGE VANILLE TONKA
소스팬에 물, 설탕, 바닐라 빈을 넣고 끓을 때까지 가열하여 시럽을 만든다. 통카 빈을 그레이터에 갈아 넣은 뒤 10분간 향을 우려낸다. 체에 걸러둔다. 시럽 온도를 55°C로 맞춘 뒤 바바를 담가 적신다. 남은 시럽은 플레이팅용으로 보관한다.

초콜릿 샹티이크림 CHANTILLY AU CHOCOLAT
소스팬에 생크림과 슈거파우더를 넣고 뜨겁게 데운다. 불을 끄고, 길게 갈라 긁은 바닐라 빈을 넣은 뒤 20분 정도 향을 우려낸다. 생크림을 다시 끓을 때까지 가열한 뒤 미리 칼로 잘게 잘라둔 초콜릿 위에 붓는다. 핸드블렌더로 갈아 혼합한 뒤 체에 거른다. 냉장고에 넣어둔다.

통카 빈 캐러멜 CARAMEL TONKA
소스팬에 생크림과 반으로 길게 갈라 긁은 바닐라 빈, 그레이터에 간 통카 빈을 넣고 뜨겁게 가열한 뒤 불을 끄고 20분 정도 향을 우려낸다. 체에 거른다. 소스팬에 설탕을 넣고 짙은 갈색이 날 때까지 가열해 녹인다. 뜨거운 생크림을 조금씩 넣어가며 주걱으로 잘 저어 섞는다. 냉장고에 넣어둔다.

금귤 마멀레이드 MARMELADE KUMQUAT
금귤의 꼭지와 끝부분을 조금 잘라낸다. 소스팬에 금귤과 설탕, 길게 갈라 긁은 바닐라 빈을 넣고 중간중간 주걱으로 저어두며 약불로 뭉근하게 졸인다. 불에서 내려 식힌다. 칼로 씨를 모두 제거한 다음 곱게 다진다. 냉장고에 넣어둔다.

초콜릿 튀일 TUILE AU CHOCOLAT
소스팬에 물, 설탕, 글루코스 시럽을 넣고 130°C까지 끓여 시럽을 만든다. 잘게 다져둔 초콜릿을 넣고 주걱으로 잘 저으며 녹인다. 실리콘 패드 위에 혼합물을 붓고 식힌 뒤 푸드 프로세서로 갈아준다. 실리콘 패드를 깐 오븐팬 위에 뿌려놓은 뒤 200°C 오븐에서 10분간 굽는다. 오븐에서 꺼내 식힌 뒤 적당한 크기로 깨트린다. 밀폐 용기에 넣어 보관한다.

플레이팅 완성하기 DRESSAGE ET FINITIONS
약간 우묵한 접시 바닥에 금귤 파우더를 작은 체망을 이용해 솔솔 뿌린 뒤 시럽에 적신 바바를 중앙에 한 개씩 놓는다. 초콜릿 샹티이 크림을 휘핑한 다음 바바 위에 짤주머니로 둥글게 짜 얹는다. 그 위에 통카 빈 캐러멜을 1티스푼 올린 뒤 두 번째 샹티이 크림을 짜 얹는다. 그 위에 금귤 마멀레이드를 놓고 마지막으로 세 번째 샹티이 크림을 돔 모양으로 짜 올린다. 초콜릿 튀일과 금귤 칩을 몇 개 얹어 보기 좋게 장식한다. 바바 주위에 따뜻하게 데운 시럽을 둘러준다.

화이트 초콜릿, 코코넛, 패션프루트

CHOCOLAT BLANC, NOIX DE COCO ET PASSION

10개분

작업 시간
1시간 30분

냉장
2시간

냉동
4시간

조리
12분

보관
즉시 서빙한다.

도구
전동 핸드믹서
사방 16cm, 높이 4.5cm 정사각형 프레임
핸드블렌더
지름 2cm, 3cm 반구형 틀
지름 3cm, 4cm 원형 쿠키커터
주방용 전자 온도계

재료

패션프루트 무스
패션프루트 퓌레 180g
젤라틴 가루 7g
물 42g
화이트 초콜릿 50g
액상 생크림 (유지방 35%) 220g

코코넛 워터 젤리
코코넛 워터 200g
코코넛 슈거 20g
한천 가루(agar-agar) 2g

코코넛 스펀지
코코넛 슈거 75g + 50g
코코넛 슈레드 75g
달걀노른자 40g
달걀 60g
밀가루 60g
달걀흰자 140g

화이트 초콜릿 가나슈
액상 생크림(유지방 35%) 125g + 125g
젤라틴 가루 1g
물 6g
화이트 초콜릿 65g

패션프루트 젤 글라사주
패션프루트 퓌레 200g
코코넛 슈거 20g
한천 가루(agar-agar) 2g

코코넛 튀일
물 160g
밀가루 15g
코코넛 오일 60g

완성 재료
패션프루트 2개
신선 코코넛 1개

패션프루트 무스 MOUSSE PASSION
소스팬에 패션프루트 퓌레를 넣고 50°C까지 가열한 다음 미리 물에 적셔 둔 젤라틴을 넣는다. 잘 섞어 녹인 뒤 작게 잘라놓은 화이트 초콜릿에 부어 섞는다. 냉장고에 넣어 16°C까지 식힌다. 온도를 중간중간 체크한다. 전동 스탠드 믹서 볼에 달걀흰자를 넣고 부드럽게 거품을 올린 뒤 패션프루트, 화이트 초콜릿 혼합물에 넣고 알뜰주걱으로 살살 섞어준다. 패션프루트 무스를 두 가지 크기의 구형 틀 안에 각각 넣어 채운 뒤 냉동실에 최소 4시간 넣어둔다.

코코넛 워터 젤리 GELÉE D'EAU DE COCO
소스팬에 코코넛 워터를 넣고 한천가루와 섞어둔 코코넛 슈거를 첨가한 뒤 끓을 때까지 가열한다. 유산지를 깐 베이킹 팬 위에 사각형 프레임을 놓고 혼합물을 1cm 두께로 붓는다. 냉장고에 2시간 동안 넣어 굳힌다. 굳은 젤리를 작은 큐브 모양으로 자른다.

코코넛 스펀지 BISCUIT COCO
믹싱볼에 코코넛 슈거 75g과 코코넛 슈레드를 넣고 섞는다. 여기에 달걀노른자와 달걀을 넣고 핸드믹서를 돌려 휘핑한다. 밀가루를 넣고 알뜰주걱으로 섞는다. 달걀흰자에 나머지 코코넛 슈거 50g을 넣고 거품을 올린 뒤 혼합물에 넣고 주걱으로 살살 섞는다. 유산지를 깐 베이킹 팬 위에 사각형 프레임을 놓고 반죽을 부은 뒤 스패출러로 고르게 펼쳐놓는다. 190°C로 예열한 오븐에 넣어 약 12분간 굽는다. 꺼내 식힌 뒤 쿠키커터를 사용해 지름 3cm 원형 5개, 지름 4cm 원형 5개를 잘라놓는다.

화이트 초콜릿 가나슈 GANACHE CHOCOLAT BLANC
소스팬에 생크림 125g을 넣고 50°C까지 가열한다. 여기에 물에 적셔둔 젤라틴을 넣고 잘 섞은 뒤 작게 잘라놓은 화이트 초콜릿에 부어준다. 나머지 생크림을 넣고 섞은 뒤 냉장고에 넣어둔다.

패션프루트 젤 글라사주 GEL DE PASSION
소스팬에 패션프루트 퓌레를 넣고 한천가루와 섞어둔 코코넛 슈거를 첨가한 뒤 끓을 때까지 가열한다. 볼에 덜어낸 다음 냉장고에 2시간 동안 넣어 굳힌다. 핸드블렌더로 갈아 젤 상태로 만든 뒤 40°C까지 가열한다. 둥근 공 모양으로 얼린 패션프루트 무스를 따뜻하게 데운 젤에 담가 코팅한다.

코코넛 튀일 TUILE DE COCO
물과 밀가루를 섞은 다음 코코넛 오일을 넣어준다. 아주 뜨겁게 달군 팬에 반죽 혼합물을 100g정도 넣고 노릇하게 구워 레이스와 같이 아주 얇은 튀일을 만든다. 2~3장 정도 구워 키친타월 위에 놓아둔다.

플레이팅 DRESSAGE
접시에 모든 재료를 조화롭게 배치한 다음 패션프루트 과육 펄프를 군데군데 몇 방울 뿌리고 생 코코넛 과육 셰이빙을 얹어 장식한다.

초콜릿, 블랙베리, 흑임자
CACAO MÛRE SÉSAME

10개분

작업 시간
1시간 30분

냉장
2시간

냉동
4시간

조리
1시간 50분

보관
즉시 서빙한다.

도구
전동 핸드믹서
사방 16cm 정사각형 프레임
핸드블렌더
스패출러
체
주방용 전자 온도계

재료

카카오 스펀지
아몬드 페이스트 (아몬드 50%) 100g
설탕 20g + 25g
달걀노른자 70g
달걀흰자 60g
밀가루 25g
무가당 코코아가루 30g
버터 25g
카카오 페이스트 30g

초콜릿 머랭
달걀흰자 50g
설탕 50g
슈거파우더 30g
무가당 코코아가루 20g

흑임자 휩드 가나슈
액상 생크림(유지방 35%) 250g + 250g
흑임자 30g
젤라틴 가루 2g
물 10g
밀크 커버처 초콜릿 (카카오 35%) 125g

초콜릿 무스
물 15g
설탕 45g
달걀노른자 60g
달걀 25g
액상 생크림 (유지방 35%) 200g
다크 커버처 초콜릿 (카카오 66%) 150g

초콜릿 슈 반죽
우유 63g
물 63g
소금 1.5g
버터 50g
밀가루 60g
무가당 코코아가루 15g
달걀 125g

다크 초콜릿 코팅
다크 커버처 초콜릿 (카카오 70%) 100g
다크 초콜릿 글라사주 페이스트 40g
포도씨유 10g
카카오버터 20g

블랙베리 젤
블랙베리 퓌레 200g
설탕 20g
한천가루(agar-agar) 3g
레몬즙 10g

완성 재료
무가당 코코아가루 100g
생 블랙베리 100g
시소 새싹 1팩

카카오 스펀지 BISCUIT CACAO
볼에 아몬드 페이스트를 넣고 중탕으로 50°C까지 가열한다. 여기에 달걀노른자를 조금씩 넣으며 전동 핸드믹서로 풀어준 다음 설탕 20g을 첨가한다. 다른 믹싱볼에 달걀흰자와 설탕 25g을 넣고 단단하게 거품을 올린다. 밀가루와 코코아가루를 함께 체에 친다. 볼에 카카오 페이스트와 버터를 넣고 중탕으로 녹인다. 아몬드 페이스트 혼합물을 거품 낸 달걀흰자에 넣고 살살 섞은 뒤 녹인 카카오 페이스트와 버터 혼합물을 넣어준다. 체에 친 가루 재료를 넣어준 다음 균일한 혼합물이 되도록 조심스럽게 섞어 준다. 유산지를 깐 베이킹 팬 위에 사각형 프레임을 놓고 반죽 혼합물을 부어준다. 180°C로 예열한 오븐에서 15~20분간 굽는다.

초콜릿 머랭 MERINGUE CHOCOLAT
믹싱볼에 달걀흰자를 넣고 거품기를 돌려 휘핑한다. 설탕을 넣어가며 단단하게 거품을 올린다. 슈거파우더와 코코아가루를 체에 친 다음 거품 올린 달걀흰자에 넣고 주걱으로 살살 섞는다. 스패출러를 사용해 유산지 위에 얇은 꽃잎 모양으로 펼쳐놓는다. 90°C 오븐에서 1시간 30분간 굽는다. 건조한 곳에 보관한다.

흑임자 휩드 가나슈 GANACHE MONTÉE AU SÉSAME NOIR
소스팬에 생크림 250g과 흑임자를 넣고 뜨겁게 가열한다. 불을 끄고 5분간 향을 우려낸 뒤 핸드블렌더로 갈아준다. 체에 거른 다음 나머지 생크림을 조금 추가해 총 250g을 만든다. 흑임자 생크림을 50°C까지 가열한 다음 미리 물에 적셔둔 젤라틴을 넣고 잘 녹여 섞는다. 잘게 잘라둔 초콜릿에 부은 뒤 핸드블렌더로 갈아 매끈한 가나슈를 만든다. 여기에 남은 생크림을 모두 넣고 알뜰주걱으로 잘 혼합한다. 냉장고에 하룻밤 넣어둔다. 다음 날 거품기로 휘저어 샹티이 크림처럼 휘핑한다.

초콜릿 무스 MOUSSE CHOCOLAT FAÇON TRUFFE
소스팬에 물과 설탕을 넣고 117°C까지 끓여 시럽을 만든다. 믹싱볼에 달걀노른자와 달걀을 넣고 거품기를 돌려 섞는다. 여기에 뜨거운 시럽을 가늘게 부으며 계속 거품기를 돌려 봉브 반죽(pâte à bombe)를 만든다. 35°C까지 식힌다. 다른 믹싱볼에 생크림을 넣고 부드럽게 휘핑한다. 내열 볼에 초콜릿을 넣고 중탕으로 45°C까지 녹인다. 휘핑한 생크림을 초콜릿에 붓고 거품기로 섞는다. 여기에 봉브 반죽을 넣고 거품이 꺼지지 않도록 주의하며 알뜰주걱으로 살살 섞어준다. 원하는 모양 틀에 채워 넣은 뒤 냉동실에 넣어둔다.

초콜릿 슈 반죽 PÂTE À CHOUX CHOCOLAT
슈 반죽을 만든다(p.212 레시피 참조). 반죽을 짤주머니에 채워 넣는다. 유산지를 깐 베이킹 팬 위에 지름 3cm 크기의 작은 슈를 15개 정도 짜놓는다. 170°C 오븐에서 30~40분간 굽는다.

다크 초콜릿 코팅 ENROBAGE
소스팬에 다크 초콜릿과 글라사주 페이스트를 35°C까지 가열해 녹인다. 포도씨유를 넣어 섞는다. 다른 소스팬에 카카오 버터를 40°C까지 가열해 녹인 뒤 혼합물에 넣고 잘 섞어준다.

블랙베리 젤 GEL DE MÛRE
소스팬에 블랙베리 퓌레, 미리 한천가루와 섞어둔 설탕을 넣고 끓을 때까지 가열한다. 레몬즙을 첨가한다. 볼에 덜어낸 다음 냉장고에 넣어 2시간 동안 굳힌다. 핸드블렌더로 갈아 젤 상태로 만든다.

플레이팅 DRESSAGE
원하는 모양으로 얼린 초콜릿 무스를 초콜릿 코팅 혼합물에 담갔다 뺀 다음 코코아가루에 굴려 묻힌다. 뾰족한 깍지 팁을 이용해 각 슈 바닥면에 구멍을 뚫은 뒤 흑임자 휩드 가나슈를 짤주머니로 짜 넣어 채운다. 카카오 스펀지 시트를 8 x 2cm 크기의 띠 모양으로 자른다(접시 크기에 따라 조절 가능). 우선 접시 바닥에 띠 모양 스펀지 시트를 깐 다음 다른 구성 재료들을 조화롭게 배치한다.

초콜릿 피칸 푀유테 튜브

MILLE-FEUILLE TUBE CHOCOLAT PÉCAN

10개분

작업 시간
1시간 30분

냉장
1시간

조리
30분

숙성
최소 4시간

보관
즉시 서빙한다.

도구
샤블롱(chablon)
스텐실(8 x 10cm 직사각형)
지름 4cm 메탈 원통
핸드블렌더
짤주머니 + 생토노레 깍지
체
주방용 전자 온도계

재료

카카오 파트 푀유테
데트랑프(détrempe)
밀가루 350g
소금 8g
녹인 버터 110g
물 150g
흰 식초 1티스푼
카카오 뵈르 마니에 (beurre manié au cacao)
버터 390g
밀가루 150g
무가당 코코아가루 95g

초콜릿 크레뫼
액상 생크림 (유지방 35%) 280g
저지방우유 280g
달걀노른자 110g
설탕 35g
카카오 페이스트 15g
다크 초콜릿 (카카오 64%) 270g

피칸 바닐라 프랄린 페이스트
설탕 260g
가염버터 87g
바닐라 빈 1줄기
구운 피칸 65g

초콜릿 아이스크림
탈지분유 32g
설탕 150g
아이스크림용 안정제 5g
우유(유지방 3.6% 전유) 518g
액상 생크림 (유지방 35%) 200g
전화당 45g
달걀노른자 40g
카카오 페이스트 40g
다크 커버처 초콜릿 (카카오 66% Caraïbes) 75g

바닐라 마스카르포네 크림
액상 생크림(유지방 35%) 120g + 290g
바닐라 빈 1줄기
달걀노른자 30g
설탕 25g
젤라틴 가루 4g
물 30g
마스카르포네 60g

초콜릿 소스
우유(전유) 150g
액상 생크림 (유지방 35%) 130g
글루코스 시럽 70g
다크 커버처 초콜릿 (카카오 70%) 200g
소금 1g

완성 재료
다크 초콜릿 (카카오 64%) 50g
원하는 모양의 데커레이션을 만든다 (p.110 데커레이션 참조).

카카오 파트 푀유테 PÂTE FEUILLETÉE CACAO

3절 접기 기준 5회를 실시하여 파트 푀유테를 만든다(p.68 테크닉 참조). 샤블롱 스텐실 매트를 사용해 푀유테 반죽을 8 x 10cm 크기의 직사각형 10개로 자른다. 지름 4cm 메탈 원통형 파이프에 유산지를 두른 뒤 푀유테 반죽을 감아준다. 이음새를 꼼꼼히 눌러 붙인다. 이것을 지름 5cm 원통형 파이프 안에 넣어, 구웠을 때 푀유테 반죽이 튜브 형태가 되도록 한다. 180°C 오븐에서 30분간 굽는다.

초콜릿 크레뫼 CRÉMEUX CHOCOLAT

크렘 앙글레즈를 만든다. 우선 소스팬에 생크림과 우유를 뜨겁게 데운다. 볼에 달걀노른자와 설탕을 넣고 색이 뽀얗게 될 때까지 거품기로 휘저어 섞는다. 여기에 끓는 우유를 조금 부어 섞은 다음 다시 소스팬으로 옮기고 주걱으로 계속 저으며 83~85°C까지 가열한다. 주걱을 들어올렸을 때 묽게 흘러내리지 않고 주걱에 묻을 정도의 농도가 되어야 한다. 뜨거운 크렘 앙글레즈를 카카오 페이스트와 커버처 초콜릿 위에 세 번에 나누어 붓는다. 핸드블렌더로 갈아 샹티이 크림과 같은 텍스처로 만든다. 짤주머니에 채워 넣은 뒤 플레이팅할 때까지 냉장고에 보관한다.

피칸 바닐라 프랄린 페이스트 PRALINÉ PÉCAN VANILLE

소스팬에 설탕을 넣고 173°C까지 가열해 캐러멜을 만든다. 가염 버터를 넣고 디글레이즈한 뒤 길게 갈라 긁은 바닐라 빈을 넣고 섞는다. 피칸을 넣고 저어 섞은 다음 식힌다. 푸드 프로세서로 분쇄해 프랄린 페이스트를 만든다. 짤주머니에 채워 넣는다.

초콜릿 아이스크림 GLACE CHOCOLAT

탈지분유, 설탕, 안정제를 섞는다. 소스팬에 우유, 생크림, 전화당을 넣고 가열한다. 35°C가 되면 설탕, 안정제, 탈지분유 혼합물을 넣는다. 40°C까지 가열한 뒤 달걀노른자를 넣고 섞는다. 85°C까지 약 1분간 가열한다. 중탕으로 녹여둔 카카오 페이스트와 커버처 초콜릿을 넣고 잘 섞는다. 핸드블렌더로 갈아 혼합한 다음 체에 거른다. 용기에 덜어낸 다음 냉장고에 넣어 급속히 식힌다. 최소 4~12시간 동안 냉장고에서 숙성시킨다. 다시 한 번 블렌더로 갈아준 다음 아이스크림 메이커에 넣고 돌린다. 아이스크림 용기에 담고 표면을 매끈하게 다듬은 뒤 냉동실에 보관한다.

바닐라 마스카르포네 크림 CRÈME VANILLE MASCARPONE

소스팬에 생크림 120g과 길게 갈라 긁은 바닐라 빈을 넣고 끓을 때까지 가열한다. 믹싱볼에 달걀노른자와 설탕을 넣고 색이 뽀얗게 될 때까지 거품기로 휘저어 섞는다. 뜨거운 생크림을 조금 부어 거품기로 섞은 뒤 다시 소스팬에 옮겨 담고 가열한다. 계속 저어주며 주걱을 들어올렸을 때 묽게 흘러내리지 않고 묻을 정도의 농도가 될 때까지 가열한다. 물에 적셔둔 젤라틴을 넣어 섞은 뒤 냉장고에 넣어 식힌다. 나머지 생크림과 마스카르포네를 거품기로 휘저어 부드럽게 휘핑한다. 크렘 앙글레즈가 20°C까지 식으면 휘핑한 크림을 넣고 주걱으로 살살 혼합한다. 짤주머니에 채워 넣는다.

초콜릿 소스 SAUCE AU CHOCOLAT

초콜릿 소스를 만든다(p.54 테크닉 참조).

플레이팅 DRESSAGE

푀유타주 튜브 안에 초콜릿 크레뫼를 반 정도 높이까지 채워 넣는다. 그 위에 피칸 프랄린 페이스트를 높이의 1/4 정도 짜 얹은 뒤 다시 초콜릿 크레뫼로 덮어 마무리한다. 양쪽 끝을 매끈하게 다듬는다. 접시에 초콜릿 소스를 조금 붓고 푀유타주 튜브를 세워놓는다. 튜브 맨 위에 바닐라 마스카르포네 크림을 짜 올린다. 가는 막대 모양으로 만든 초콜릿을 올려 장식한다. 그 옆에 크넬 모양의 아이스크림을 한 개 곁들인다.

아이스 디저트

초콜릿 아이스크림

CRÈME GLACÉE AU CHOCOLAT

6~8인분

작업 시간
40분

숙성
4~12시간

보관
냉동보관 2주

도구
아이스크림 용기
체망
핸드블렌더
주방용 전자 온도계
아이스크림 메이커

재료
탈지분유 32g
설탕 150g
아이스크림용 안정제 5g
우유(유지방 3.6% 전유) 518g
액상 생크림(유지방 35%) 200g
전화당 45g
달걀노른자 40g
카카오 페이스트 40g
다크 커버처 초콜릿 (카카오 66% Caraïbes) 75g

탈지분유, 설탕, 안정제를 섞는다. 소스팬에 우유, 생크림, 전화당을 넣고 가열한다.

35°C가 되면 설탕, 안정제, 탈지분유 혼합물을 넣는다. 40°C까지 가열한 뒤 달걀노른자를 넣고 섞는다. 85°C까지 약 1분간 가열한다. 중탕으로 녹여둔 카카오 페이스트와 커버처 초콜릿을 넣고 잘 섞는다. 핸드블렌더로 갈아 혼합한 다음 체에 거른다.

용기에 덜어낸 다음 냉장고에 넣어 급속히 식힌다. 최소 4~12시간 동안 냉장고에서 숙성시킨다.

다시 한 번 블렌더로 갈아준 다음 아이스크림 메이커에 넣고 돌린다. 아이스크림 용기에 담고 표면을 매끈하게 다듬는다. –35°C에서 급속냉동한 뒤 –20°C 냉동실에 보관한다.

스트라챠텔라 아이스크림

STRACCIATELLA

1리터 분량

작업 시간
40분

조리
40분

숙성
4시간

보관
냉동보관 2주

도구
아이스크림 용기
핸드블렌더
주방용 전자 온도계
아이스크림 메이커

재료
무가당 연유 50g
우유(전유) 570g
액상 생크림 (유지방 35%) 150g
버터 15g
탈지분유 20g
설탕 150g
글루코스 분말 25g
포도당(dextrose) 25g
아이스크림용 안정제 4g
초콜릿 컬 셰이빙 200g

무가당 연유를 캔 상태 그대로 약하게 끓는 물에 넣어 중탕으로 30분간 끓인다.

소스팬에 우유, 생크림, 버터와 중탕으로 끓인 연유를 넣고 가열한다. 탈지분유와 설탕, 글루코스 분말, 포도당, 안정제를 혼합한다. 소스팬의 혼합물을 45°C까지 데운 다음 가루 재료를 넣어준다. 잘 저으며 85°C까지 가열한다.

밀폐 용기에 옮겨 담은 뒤 냉장고에 넣어 최소 4시간 숙성시킨다.

혼합물을 체에 거른 뒤 핸드블렌더로 갈아준다. 아이스크림 메이커에 넣고 돌린다.

완성된 아이스크림에 초콜릿 컬 셰이빙 조각들을 넣고 알뜰주걱으로 살살 섞어준다. 냉동실에 보관한다.

셰프의 조언

연유를 캔에 든 상태로 직접 끓이면 유당 성분으로 인해 캐러멜화하면서 농도가 걸쭉해진다. 중탕 냄비에 넣고 끓이는 동안 캔이 완전히 물에 잠긴 상태를 유지해야 한다. 완전히 식힌 후 캔을 개봉한다.

에스키모 아이스크림 바

ESQUIMAUX

10개분

작업 시간
3시간

숙성
4~12시간

냉동
3시간

보관
냉동보관 2주

도구
아이스크림 용기
아이스 바용 나무 스틱
체망
핸드블렌더
아이스 바 틀
아이스크림 메이커

재료

초콜릿 아이스크림
탈지분유 32g
설탕 150g
아이스크림용 안정제 5g
우유(유지방 3.6% 전유) 518g
액상 생크림 (유지방 35%) 200g
전화당 45g
달걀노른자 40g
카카오 페이스트 40g
다크 커버처 초콜릿 (카카오 66% Caraïbe) 75g

또는

초콜릿 소르베
다크 초콜릿 (카카오 70%) 325g
물 1리터
탈지분유 20g
설탕 250g
꿀 50g

다크 초콜릿 글라사주
다크 커버처 초콜릿 (카카오 64%) 250g
포도씨유 62g
아몬드 분태 또는 칼아몬드 40g

밀크 초콜릿 글라사주
밀크 커버처 초콜릿 (카카오 40%) 250g
포도씨유 62g
아몬드 분태 또는 칼아몬드 40g

초콜릿 아이스크림 CRÈME GLACÉE AU CHOCOLAT
초콜릿 아이스크림을 만든다(p.288 테크닉 참조).

초콜릿 소르베 SORBET AU CHOCOLAT
초콜릿을 잘게 다진 뒤 중탕으로 천천히 녹인다. 소스팬에 물과 탈지분유, 설탕, 꿀을 넣고 2분간 끓여 시럽을 만든다. 뜨거운 시럽의 1/3을 녹인 초콜릿에 천천히 부은 뒤 알뜰주걱을 이용해 중심 부분이 찐득해지고 윤기가 날 때까지 원 모양을 그리며 세게 저어 섞어준다. 나머지 시럽도 1/3씩 넣어주며 같은 방법으로 섞는다. 핸드블렌더로 몇 초간 갈아 매끈하게 유화한다. 혼합물을 다시 소스팬으로 옮겨 담은 뒤 계속 잘 저어주며 85°C까지 가열한다. 밀폐 용기에 담아 냉장고에서 재빨리 식힌다. 냉장고에서 최소 12시간 동안 숙성시킨다. 다시 한 번 핸드블렌더로 갈아준 다음 아이스크림 메이커에 넣고 돌린다. 아이스크림 용기에 덜어낸 다음 표면을 매끄럽게 다듬는다. –35°C에서 급속냉동한 뒤 –20°C 냉동실에 보관한다.

아이스크림 바 틀에 넣기 MOULAGE
아이스크림(또는 소르베)을 아이스 바 틀에 채워 넣은 뒤 나무 스틱을 꽂아준다. 다시 냉동실에 최소 3시간 동안 넣어둔다.

글라사주 GLAÇAGES
두 가지 초콜릿을 각각 따로 중탕으로 40°C까지 가열해 녹인다. 각각 포도씨유와 아몬드를 넣고 섞는다.

완성하기 MONTAGE
아이스크림 바를 틀에서 분리한 다음 원하는 초콜릿 글라사주에 담가 코팅한다. 유산지 위에 놓고 다시 냉동실에 최소 20분간 넣어둔다.

셰프의 조언

틀을 사용하기 전에 냉동실에 미리 넣어두면 아이스크림을 채워 넣을 때 빨리 녹는 것을 막을 수 있다.

초콜릿 아이스크림 콘
CÔNE AU CHOCOLAT

10개분

작업 시간
3시간

숙성
4~12시간

조리
10분

보관
냉동보관 2주

도구
아이스크림 용기
아이스크림 메이커
주방용 전자 온도계
전동 스탠드 믹서
베이킹 팬(40 x 60cm)
실리콘 패드
아이스크림 스쿱

재료

초콜릿 아이스크림
탈지분유 32g
설탕 150g
아이스크림용 안정제 5g
우유(유지방 3.6% 전유) 518g
액상 생크림(유지방 35%) 200g
전화당 45g
달걀노른자 40g
카카오 페이스트 40g
다크 커버처 초콜릿 (카카오 66% Caraïbe) 75g
초콜릿 리큐어 (선택사항) 50g

초콜릿 아이스크림 콘
달걀흰자 250g
슈거파우더 400g
밀가루 100g
무가당 코코아가루 100g
버터 250g

초콜릿 아이스크림 CRÈME GLACÉE AU CHOCOLAT
초콜릿 아이스크림을 만든다(p.288 테크닉 참조).

초콜릿 아이스크림 콘 PÂTE À CÔNES CHOCOLAT
전동 스탠드 믹서 볼에 달걀흰자 분량의 1/3과 슈거파우더를 넣고 플랫비터를 돌려 섞는다. 나머지 달걀흰자를 넣고 함께 혼합한다. 밀가루와 코코아가루를 함께 체에 친 다음 거품 낸 달걀흰자에 넣고 섞는다. 미리 40°C로 녹여둔 버터를 넣고 섞어준다. 실리콘 패드를 깐 베이킹 팬 위에 반죽을 얇게 펴놓는다. 170°C 오븐에서 8~10분간 굽는다.

완성하기 MONTAGE
오븐에서 꺼낸 반죽 시트를 사방 20cm 정사각형으로 자른 다음 대각선으로 잘라준다. 삼각형 조각을 말아 콘 모양을 만든 다음 식힌다. 아이스크림 스쿱으로 아이스크림을 떠서 각 콘에 2스쿱씩 넣어준다. 기호에 따라 그 위에 초콜릿 소스를 한줄기 뿌린다(p.54 테크닉 참조).

초콜릿 아몬드 바슈랭

VACHERIN CHOCOLAT ET AMANDE

8인분

작업 시간
2시간

조리
2시간

보관
즉시 서빙한다.
또는 밀폐 용기에 넣어
냉동실에서 2주 보관
가능.

도구
케이크 링(각 지름
14cm, 16cm, 18cm,
높이 4.5cm)
지름 12cm 원형
쿠키커터
초콜릿용 전사지
스패출러
짤주머니 + 지름
12mm 원형 깍지,
생토노레 깍지
전동 스탠드 믹서
실리콘 패드
주방용 전자 온도계

재료

초콜릿 머랭
설탕 180g
전화당 20g
달걀흰자 100g
무가당 코코아가루 40g

아몬드 아이스크림
우유(전유) 600g
아몬드 페이스트
(아몬드 50%) 200g
탈지분유 24g
설탕 10g
아이스크림용 안정제
3.2g
전화당 35g
액상 생크림(유지방
35%) 50g

밀크 초콜릿 파르페
달걀흰자 120g
설탕 95g
액상 생크림(유지방
35%) 380g
밀크 초콜릿
(카카오 40%) 400g

글라사주
물 30g + 30g
설탕 60g
글루코스 시럽 60g
가당연유 40g
젤라틴 가루 5g
다크 초콜릿
(카카오 64%) 60g

다크 초콜릿 가나슈
액상 생크림(유지방
35%) 200g
전화당 20g
다크 초콜릿
(카카오 64%) 150g

데커레이션
물 10g
설탕 20g
아몬드 50g
다크 초콜릿 200g
식용 금가루 5g

초콜릿 머랭 MERINGUE CHOCOLAT
전동 스탠드 믹서 볼에 설탕, 전화당, 달걀흰자를 넣는다. 볼을 중탕 냄비 위에 놓고 재료를 계속 저어 섞으며 가열한다. 볼을 스탠드 믹서에 다시 장착한 다음 완전히 식을 때까지 거품기를 돌려 매끈한 머랭을 만든다. 코코아가루를 넣고 알뜰주걱으로 살살 섞어준다. 지름 12mm 원형 깍지를 끼운 짤주머니에 채워 넣는다. 실리콘 패드를 깐 베이킹 시트 위에 지름 16cm 원반형 2개와 약 5cm 크기의 데커레이션용 물방울 모양 코크를 20개 정도 짜놓는다. 80°C 오븐에서 2시간 굽는다.

아몬드 아이스크림 GLACE À L'AMANDE
우유 분량을 반으로 나누어놓는다. 소스팬에 우유 분량 반을 넣고 50°C까지 데운다. 전동 스탠드 믹서 볼에 아몬드 페이스트와 뜨겁게 데운 우유를 넣고 플랫비터를 돌려 풀어준다. 나머지 우유의 반을 소스팬에 넣고 50°C까지 데운 뒤 탈지분유, 설탕, 안정제, 전화당, 생크림을 넣는다. 잘 섞으며 끓을 때까지 가열한다. 풀어놓은 아몬드 페이스트를 넣고 핸드블렌더로 갈아 혼합한다. 냉장고(4°C)에 하룻밤 넣어 숙성시킨다. 다시 한 번 블렌더로 간 다음 아이스크림 메이커에 넣고 돌린다.

밀크 초콜릿 파르페 PARFAIT GLACÉ LACTÉ
전동 스탠드 믹서 볼에 설탕과 달걀흰자를 넣는다. 볼을 중탕 냄비 위에 놓고 거품기로 계속 휘저어주며 40°C까지 가열해 스위스 머랭을 만든다. 볼을 스탠드 믹서에 다시 장착한 다음 완전히 식을 때까지 거품기를 돌린다. 다른 볼에 생크림을 넣고 부드럽게 휘핑한다. 초콜릿을 중탕으로 45°C까지 가열해 녹인 다음 휘핑한 생크림 1/3과 섞는다. 이것을 머랭에 넣고 나머지 휘핑한 크림도 넣은 뒤 주걱으로 살살 섞어준다. 지름 14cm 링 안에 약 2cm 두께로 혼합물을 부어 채운다. 냉동실에 넣어둔다.

글라사주 GLAÇAGE
소스팬에 물 30g과 설탕, 글루코스 시럽을 넣고 103°C까지 끓인다. 연유를 넣은 뒤 미리 물 30g에 적셔둔 젤라틴을 넣고 잘 섞는다. 이것을 초콜릿 위에 붓고 핸드블렌더로 갈아 혼합한다. 체에 거른다. 이 글라사주는 28°C 온도로 사용한다. 하루 전에 만들어 놓으면 글레이징 상태가 잘 유지된다.

가나슈 GANACHE
가나슈를 만든다(p.48 테크닉 참조).

데커레이션 DÉCOR
믹싱볼에 물, 설탕, 아몬드를 넣고 섞는다. 논스틱 베이킹 팬에 펼쳐놓고 130°C 오븐에서 30분간 굽는다. 꺼내서 식힌다. 다크 초콜릿을 템퍼링한 다음(p.28~32 테크닉 참조) 초콜릿용 전사지 위에 붓고 스패출러를 이용해 2~3mm 두께로 얇게 밀어준다. 주걱으로 초콜릿 표면을 살짝 두드렸다 떼어내 거친 질감을 표현한다. 이어서 쿠키커터로 찍어 원형 자국을 낸다. 20분간 굳힌다. 물방울 모양으로 구워 낸 머랭 코크의 윗부분을 나머지 템퍼링한 초콜릿에 담가 묻힌다. 코크 전체 갯수의 반만 초콜릿을 입힌다. 20분간 굳힌다.

조립 MONTAGE
케이크 조립 시 재료들이 녹는 것을 방지하기 위해 지름 18cm 링을 냉동실에 미리 1시간 정도 넣어둔다. 냉동실에 보관해 둔 링 안에 원반형 머랭을 깔아준다. 아몬드 아이스크림을 약 2cm 두께로 바닥과 링 옆면에 펴발라 채운다. 중앙에 밀크 초콜릿 파르페를 넣은 뒤 두 번째 원반형 머랭을 올린다. 아몬드 아이스크림으로 덮어준다. 냉동실에 최소 2시간 동안 넣어둔다(하룻밤 넣어두는 것이 가장 좋다). 틀을 제거한 뒤 글라사주를 부어 입힌다. 초콜릿을 씌운 머랭과 씌우지 않은 머랭을 빙 둘러 교대로 하나씩 붙인다. 생토노레 깍지를 끼운 짤주머니로 머랭 장식 사이사이에 가나슈를 짜 넣는다. 맨 위 중앙에 원반형으로 잘라둔 초콜릿을 올리고 금가루를 묻힌 아몬드를 몇 개 얹어준다. 냉동시킨 상태로 서빙한다.

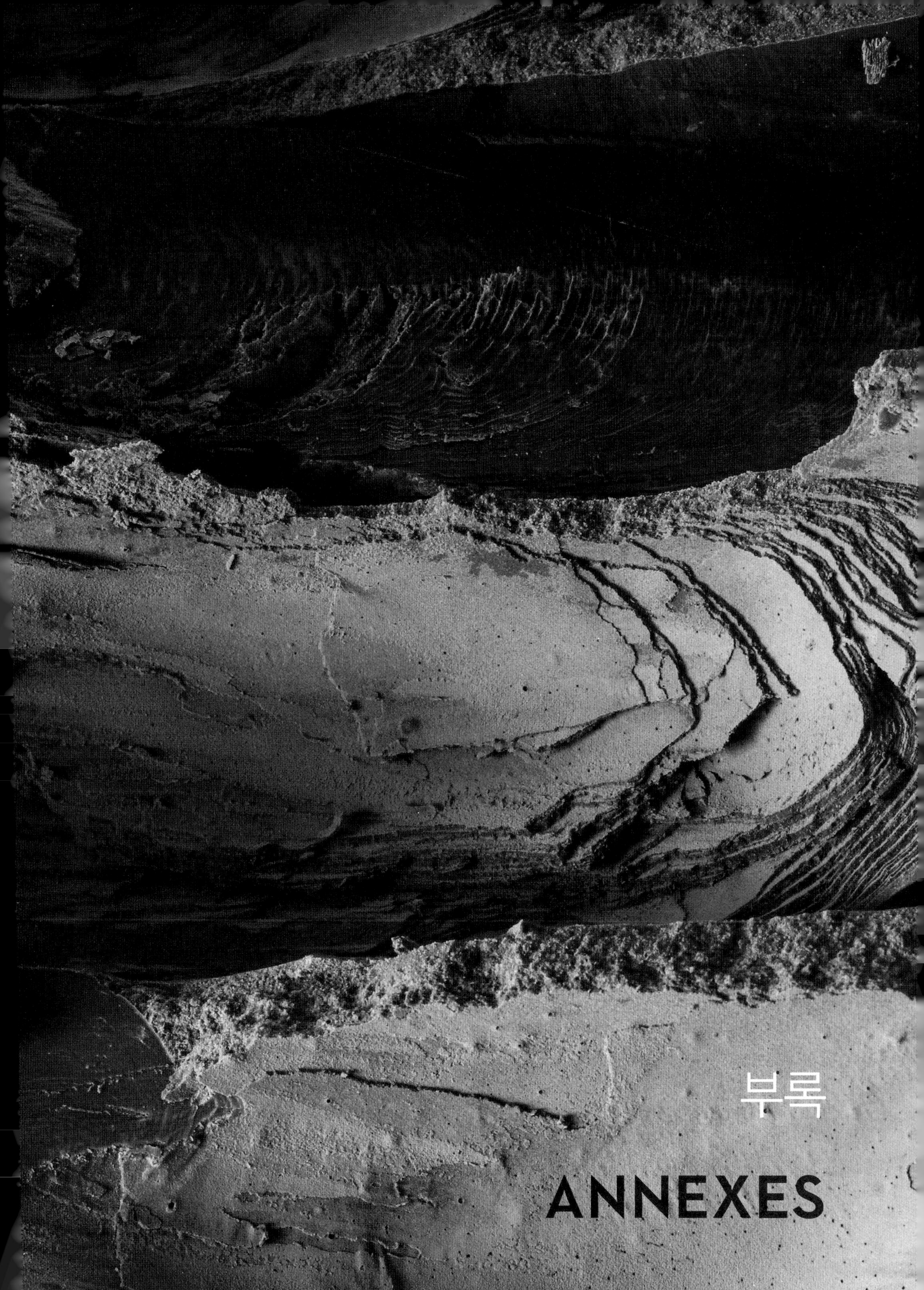

부록

ANNEXES

테크닉 찾아보기

레시피 찾아보기

O

P

R

S

T

V